三门湾海岸带资源环境生态图集

曹　珂　印　萍　李梅娜　周宇渤　田　元　高　飞　段晓勇　杨　磊　编著

海洋出版社
2024年·北京

图书在版编目（CIP）数据

三门湾海岸带资源环境生态图集 / 曹珂等编著. -- 北京 : 海洋出版社, 2024.12
ISBN 978-7-5210-1191-3

Ⅰ. ①三… Ⅱ. ①曹… Ⅲ. ①海岸带－生态环境－浙江－图集 Ⅳ. ①X321.255-64

中国国家版本馆CIP数据核字(2023)第223303号

审图号：浙S（2024）49号

责任编辑：高朝君
责任印制：安　森

海洋出版社 出版发行
http://www.oceanpress.com.cn
北京市海淀区大慧寺路 8 号　邮编：100081
涿州市般润文化传播有限公司印刷　新华书店经销
2024年12月第1版　2024年12月第1次印刷
开本：889mm × 1194mm　1 / 8　印张：8
字数：60千字　定价：198.00元
发行部：010-62100090　总编室：010-62100034

目　录

1

自然地理要素

1.1 三门湾海岸带遥感影像图

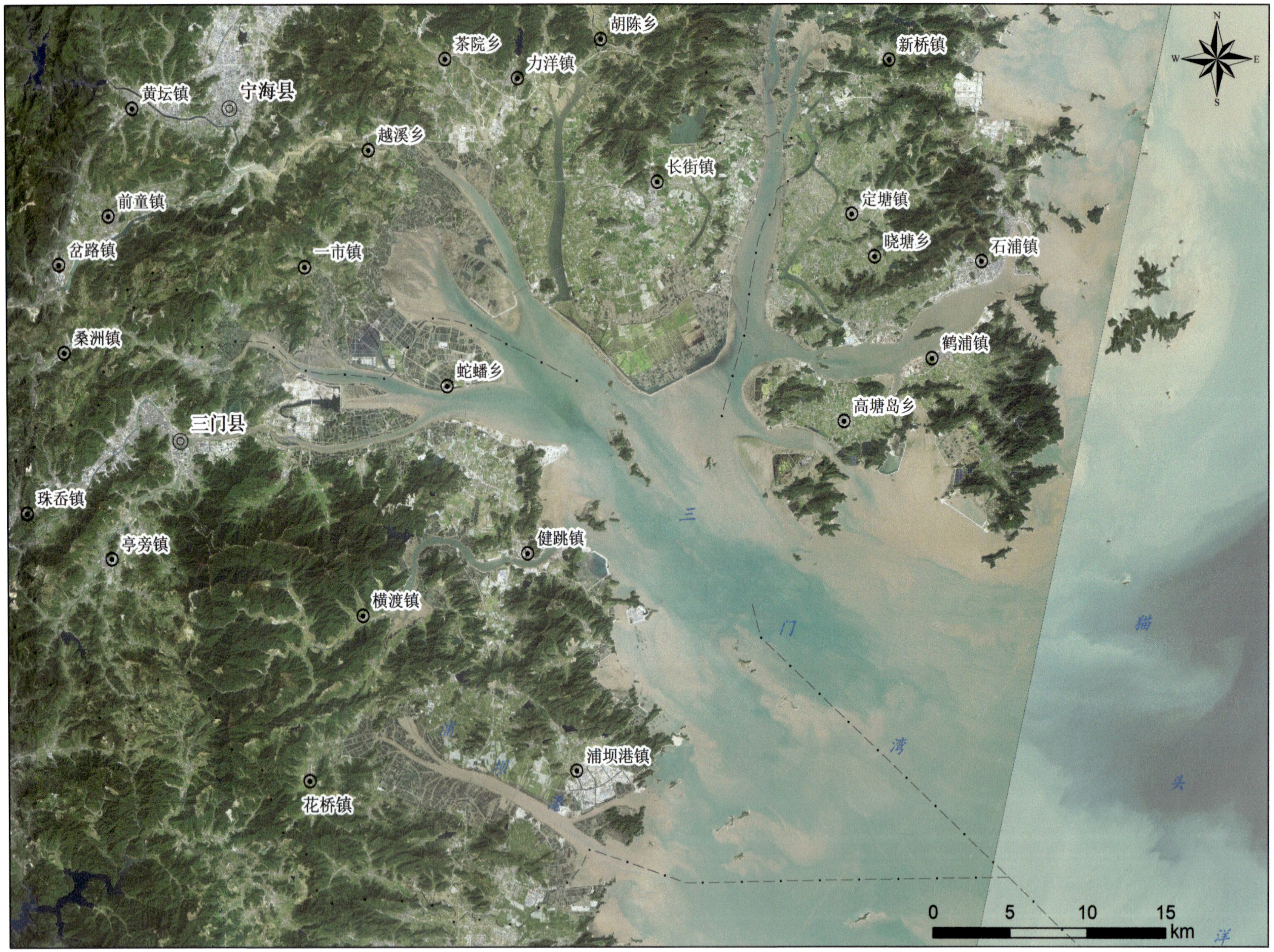

三门湾位于浙江东部沿海，由宁波象山县（因位置太靠北，未在图中标出）、宁波宁海县、台州三门县合围成为半封闭海湾，湾口面向东南方向。三门湾为宽浅型多汊港湾，岸线曲折，潮流汊道众多，水道稳定，海域和滩涂辽阔。从高塘岛乡逆时针向西南角分别为：鹤浦镇、石浦镇、晓塘乡、定塘镇、新桥镇、长街镇、胡陈乡、力洋镇、茶院乡、越溪乡、黄坛镇、前童镇、一市镇、岔路镇、桑洲镇、蛇蟠乡、珠岙镇、亭旁镇、健跳镇、横渡镇、浦坝港镇和花桥镇。其中，高塘岛乡、鹤浦镇、石浦镇及浦坝港镇周边零星分布有岛屿。长街镇、蛇蟠乡、力洋镇、定塘镇等分布有滩涂及人工围填岸线。

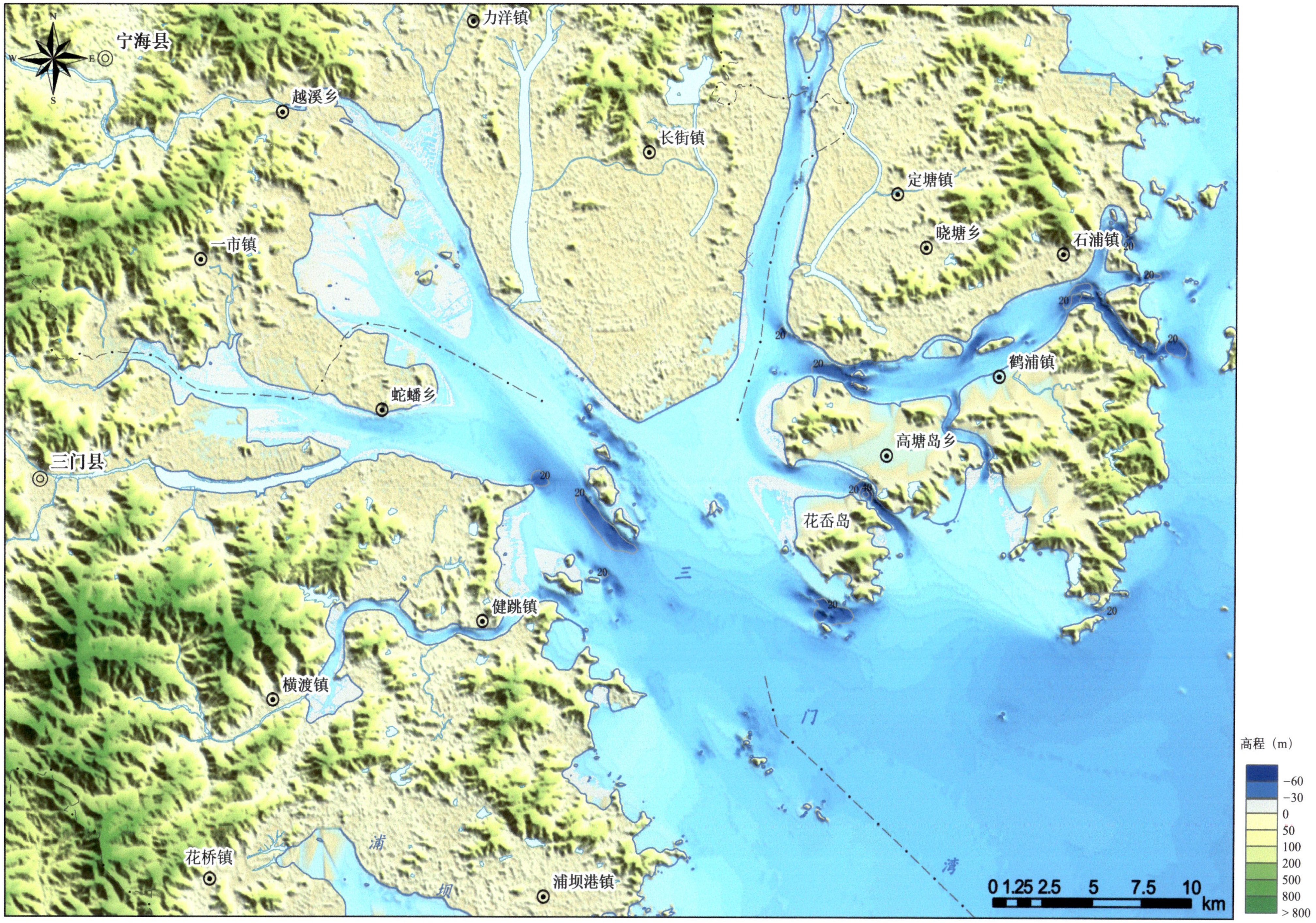

三门湾湾口地势较低，石浦镇与鹤浦镇之间水道水深 5 ~ 20 m，高塘岛乡与花岙岛之间水道水深 5 ~ 20 m，具有较好的通航条件。定塘镇与长街镇之间的水道水深 5 ~ 10 m，三门湾中心水深 5 ~ 20 m。三门县、宁海县、象山县（因位置太靠北，未在图中标出）陆域地势较高，尤其是宁海县及三门县靠西、南侧为山地，宁海县与象山县交界处的山体，海拔 600 ~ 800 m。

2

地质环境要素

2.1 三门湾大潮潮流矢量图

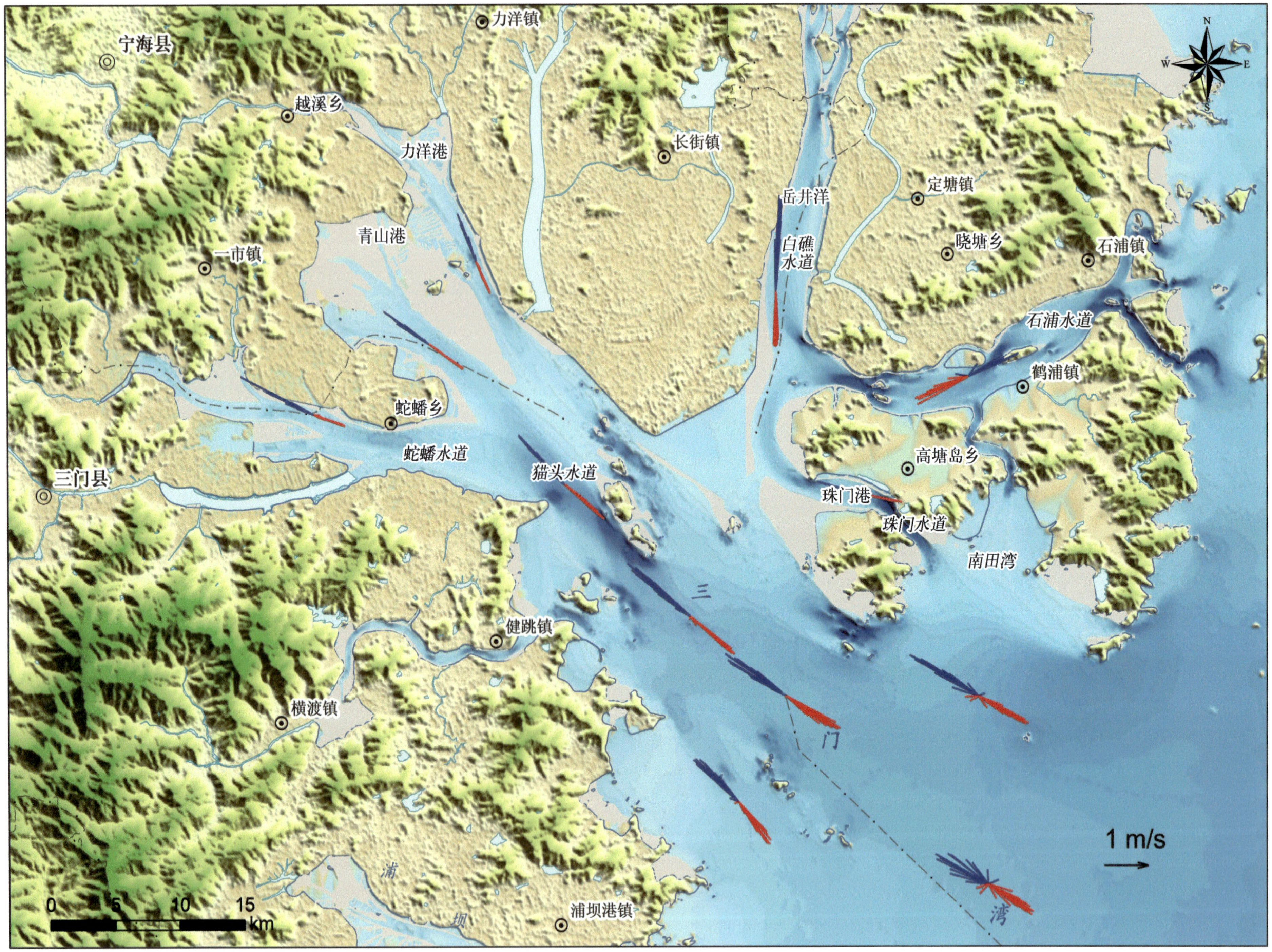

三门湾海湾内大潮期间潮汐、潮流类型为半日潮，在海湾内以往复流为主，仅在湾口出现了轻微的旋转流性质。大潮期间，海湾湾口最大流速约 1.5 m/s，中部猫头水道流速最大，最大流速约 2 m/s，各水道流速大小不一，蛇蟠水道、力洋港和珠门水道流速较小，最大流速约 1 m/s，青山港、石浦水道以及白礁水道最大流速都为 1.5 m/s 左右。

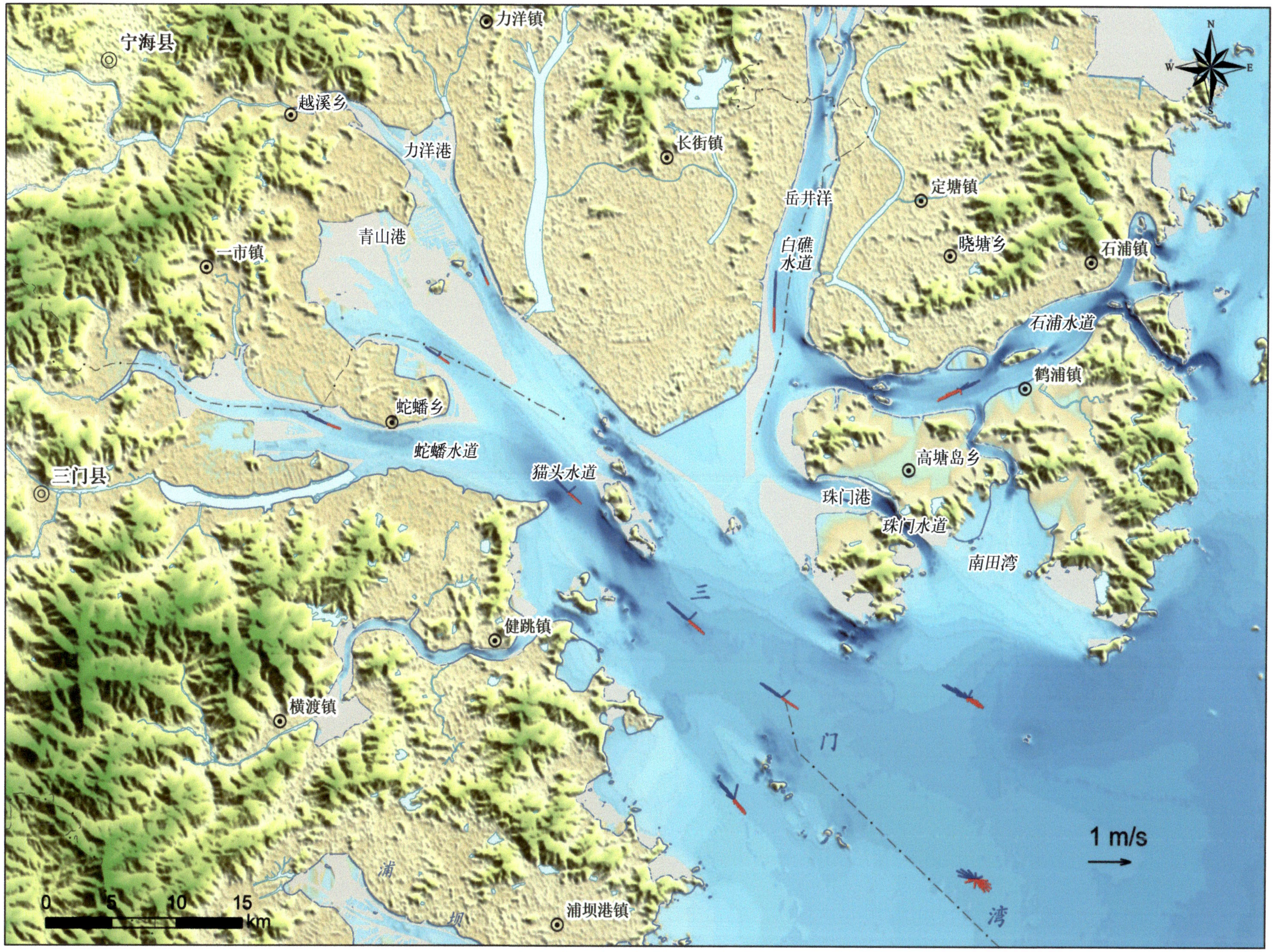

三门湾海湾内小潮期间潮汐、潮流类型为半日潮，在海湾内以往复流为主，仅在湾口出现了轻微的旋转流性质。小潮期间，海湾湾口流速不足 1 m/s，中部猫头水道流速最大，最大流速约 1 m/s，各水道流速不一，石浦水道和白礁水道流速较大，最大流速都在 1 m/s 左右。力洋港、青山港和珠门水道流速较小，最大流速约 0.6 m/s。

2.3 三门湾大潮涨急潮流场图

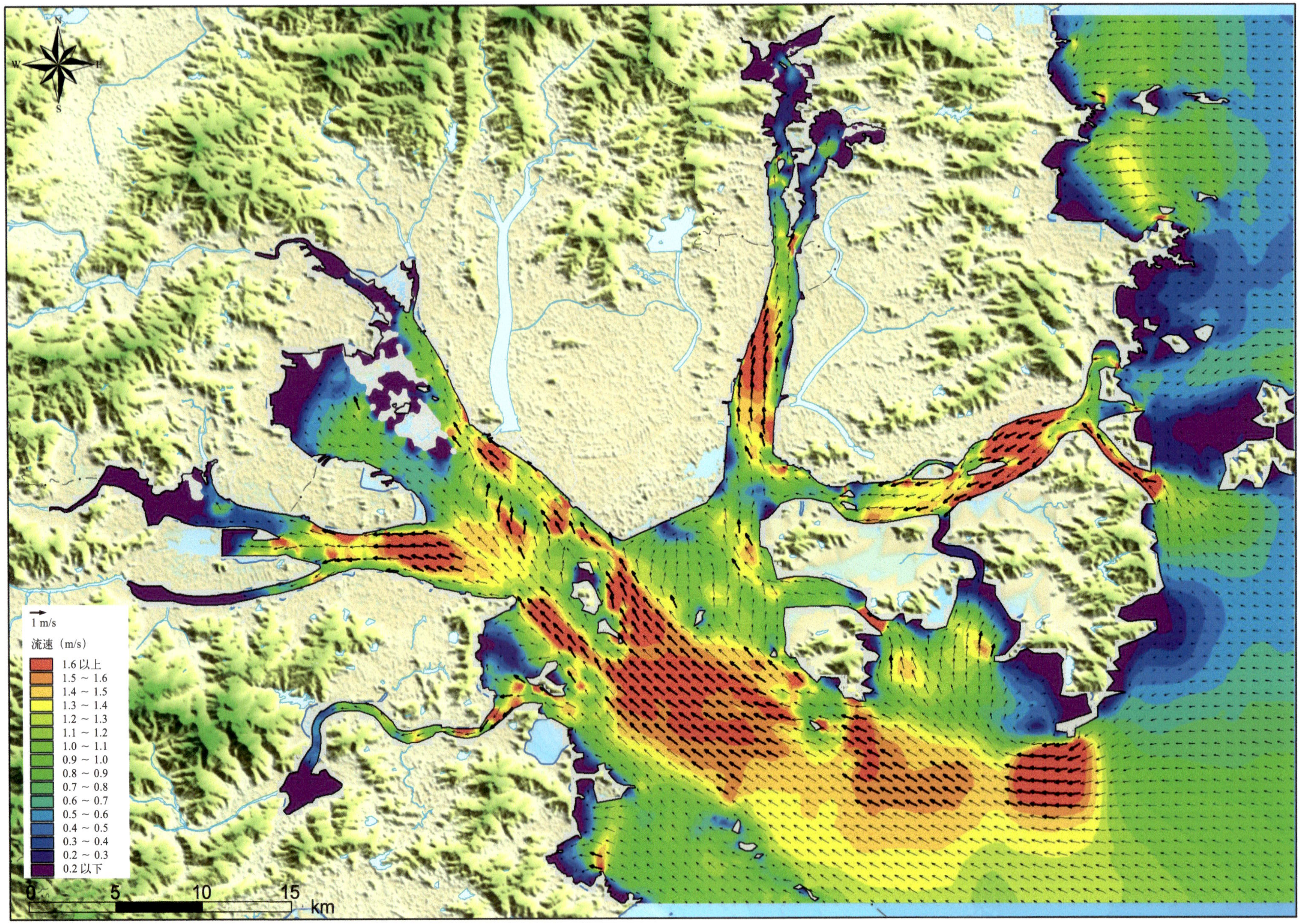

三门湾海湾内大潮期间潮汐、潮流类型为半日潮，在海湾内以往复流为主，涨潮时刻，潮波由东海通过石浦水道和东南侧湾口向湾内传播。大潮期间，涨急时刻流速较大，最大流速约 2 m/s，大流速区主要分布在石浦水道、南田湾外侧近岸，海湾中部以及各水道的口门处流速均超过了 1.6 m/s。在海湾顶部流速普遍偏小，约 0.5 m/s。

2.4 三门湾大潮落急潮流场图

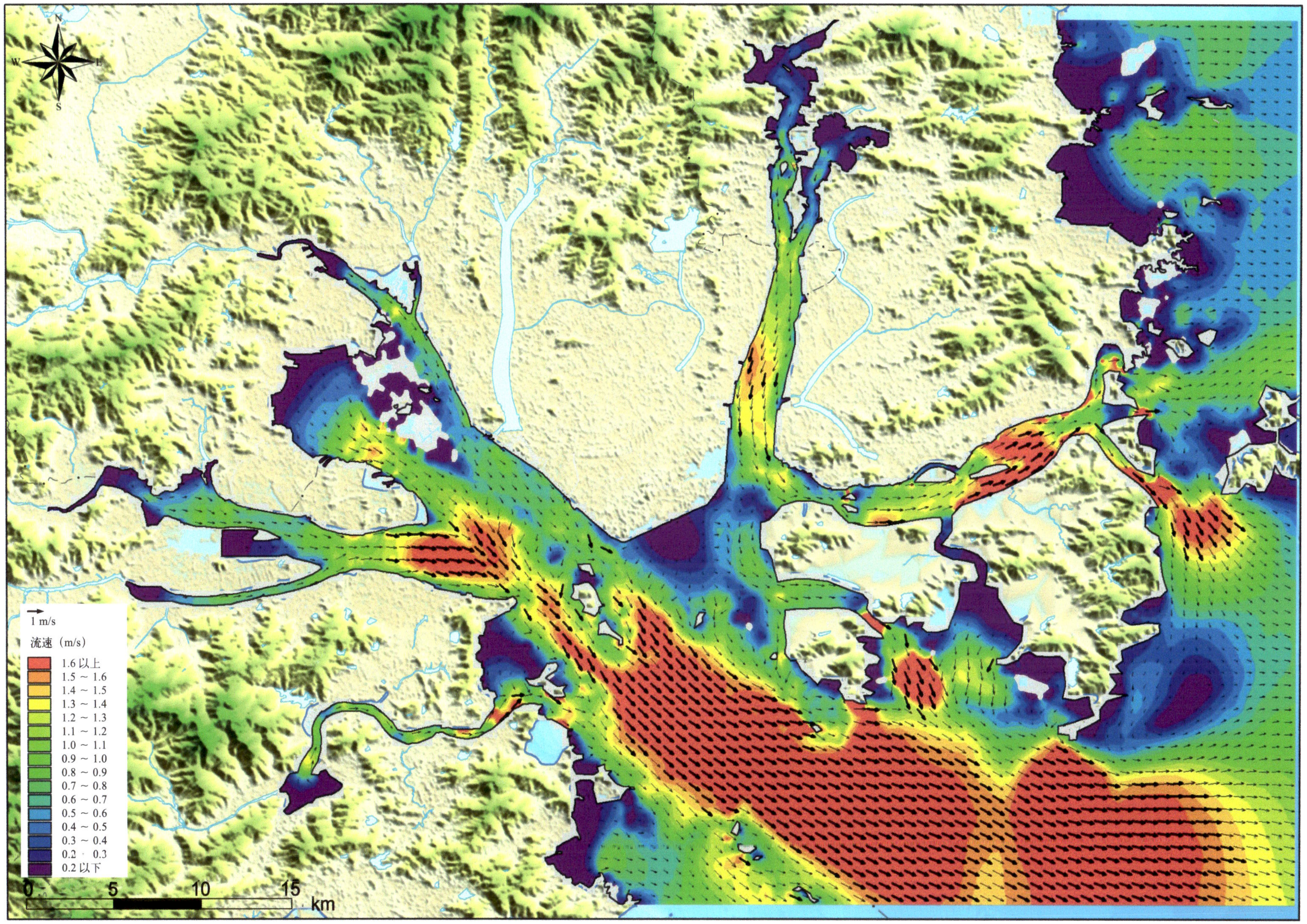

三门湾海湾内大潮期间潮汐、潮流类型为半日潮，在海湾内以往复流为主，落潮时刻，潮波由湾顶通过各水道流至海湾中部后，经石浦水道和东南侧湾口流向东海。大潮期间，落急时刻流速较大，最大流速约 2 m/s，大流速区主要分布在石浦水道、南田湾外侧湾口，蛇蟠水道和白礁水道的口门处流速均超过了 1.6 m/s。其余海区流速普遍偏小，约 0.5 m/s。

2.5 三门湾小潮涨急潮流场图

三门湾海湾内小潮期间潮汐、潮流类型为半日潮，在海湾内以往复流为主，涨潮时刻，潮波由东海通过石浦水道和东南侧湾口向湾内传播。小潮期间，涨急时刻流速总体偏小，最大流速不足 1 m/s，大流速区主要分布在石浦水道、南田湾外侧近岸和白礁水道内，海湾中部以及各水道口门处流速约 0.5 m/s。其余海区流速非常小，不足 0.3 m/s。

2.6 三门湾小潮落急潮流场图

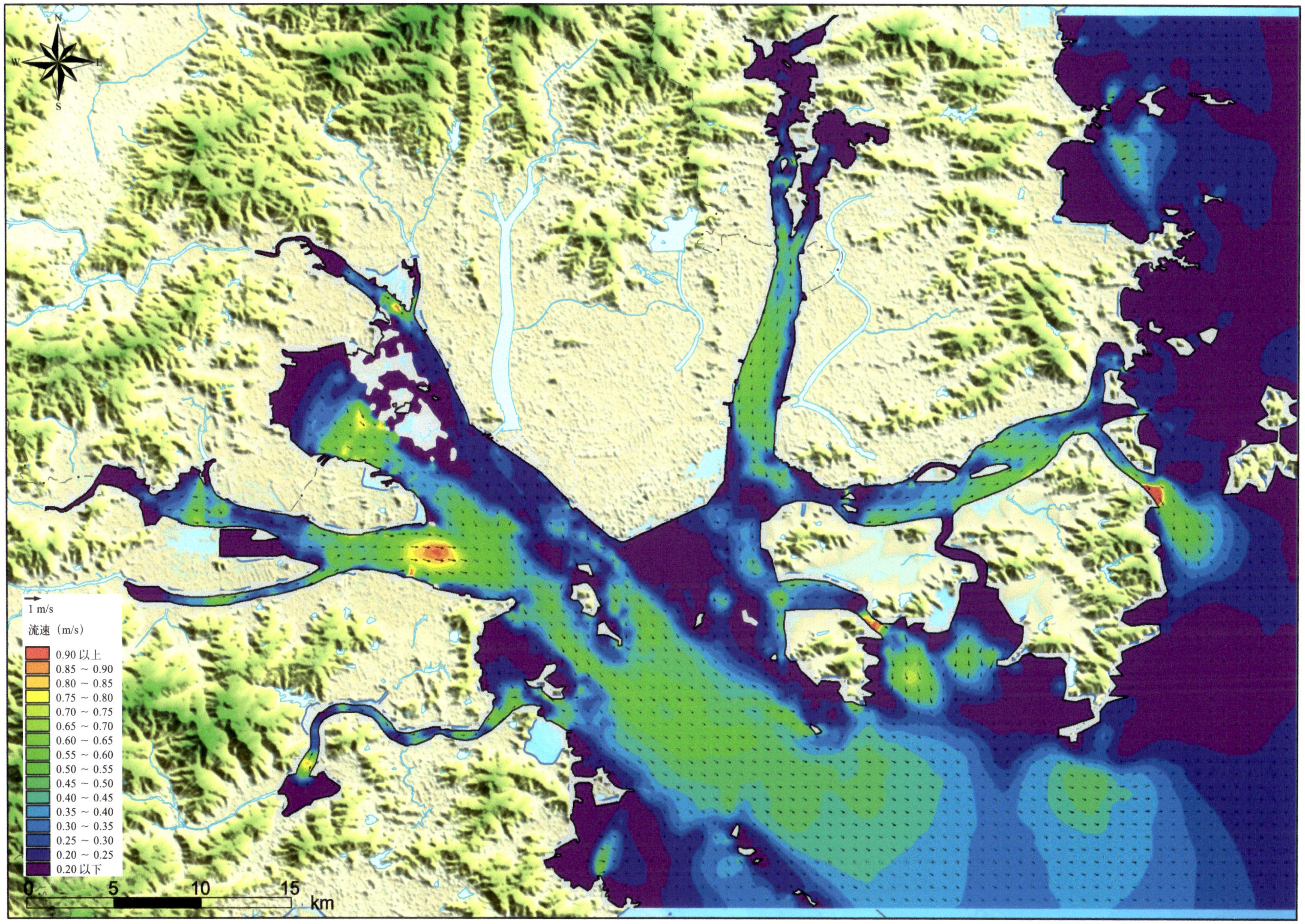

三门湾海湾内小潮期间潮汐、潮流类型为半日潮，在海湾内以往复流为主，落潮时刻，潮波由湾顶通过各水道流至海湾中部后，经石浦水道和东南侧湾口流向东海。小潮期间，落急时刻流速总体偏小，最大流速出现在蛇蟠水道口门处，流速约 1 m/s，东南侧潮波出口和其他各水道流速为 0.7 m/s，其余海区流速非常小，不足 0.3 m/s。

2.7 三门湾海域表层沉积物类型分布图

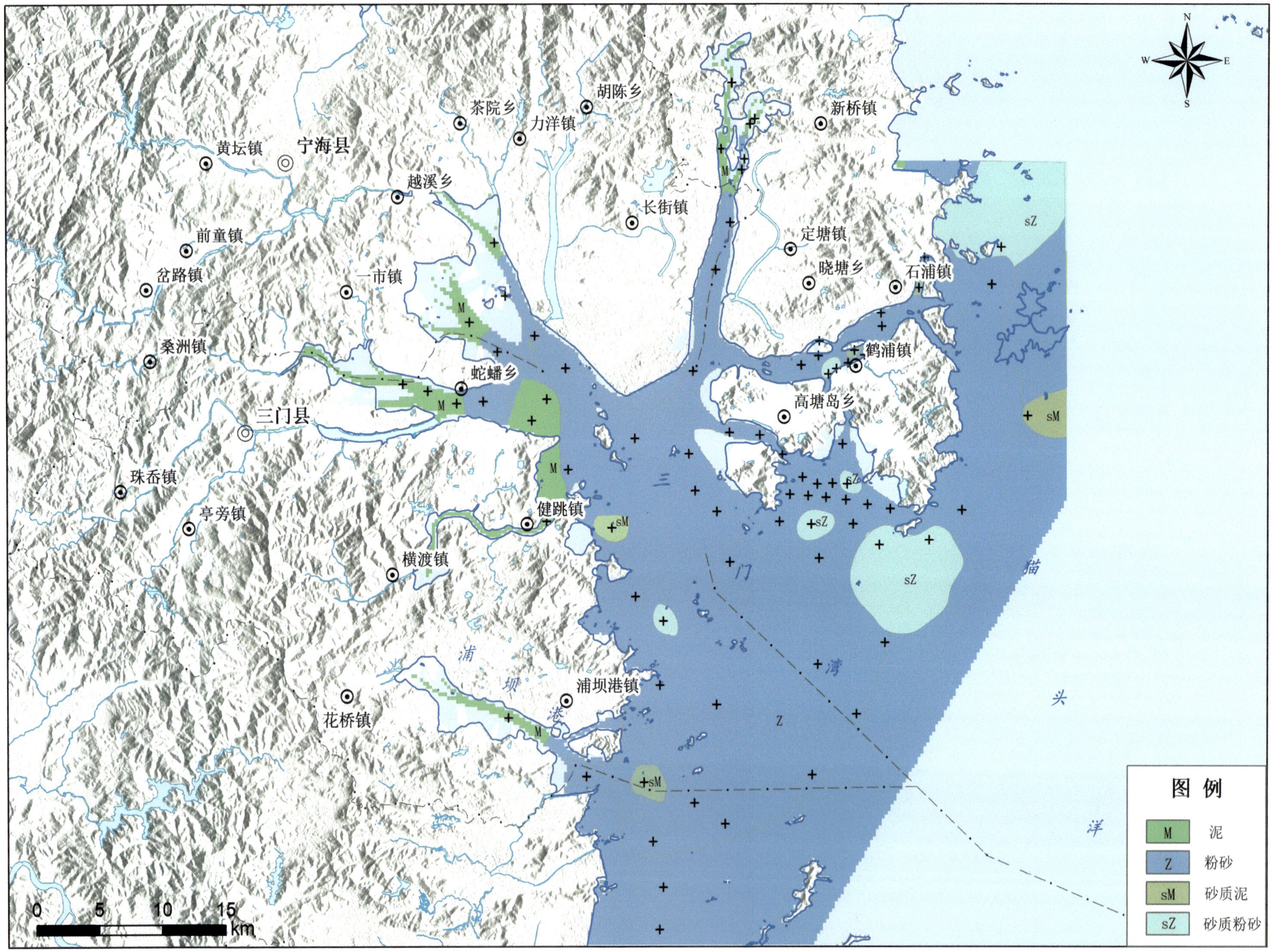

三门湾表层沉积物类型主要包括泥、粉砂、砂质泥、砂质粉砂四类。其中，粉砂质沉积物所占范围最广，细颗粒沉积物广泛分布于三门湾海域内，主要为浙闽沿岸流输运的长江源物质；粗颗粒物质仅分布在高塘岛南侧附近，主要由陆源入海物质和岛屿冲刷物质组成。三门湾近岸沉积物平均粒径分布比较均匀，主要为泥质和粉砂质。大部分沉积物分选性较好，泥质沉积物主要集中在湾顶汊道附近，是潮汐携带湾内外悬移质经过分选作用形成的，随着水动力减弱，沉积物自湾口向湾顶逐渐变细。

2.8 三门湾海域表层沉积物平均粒径分布图

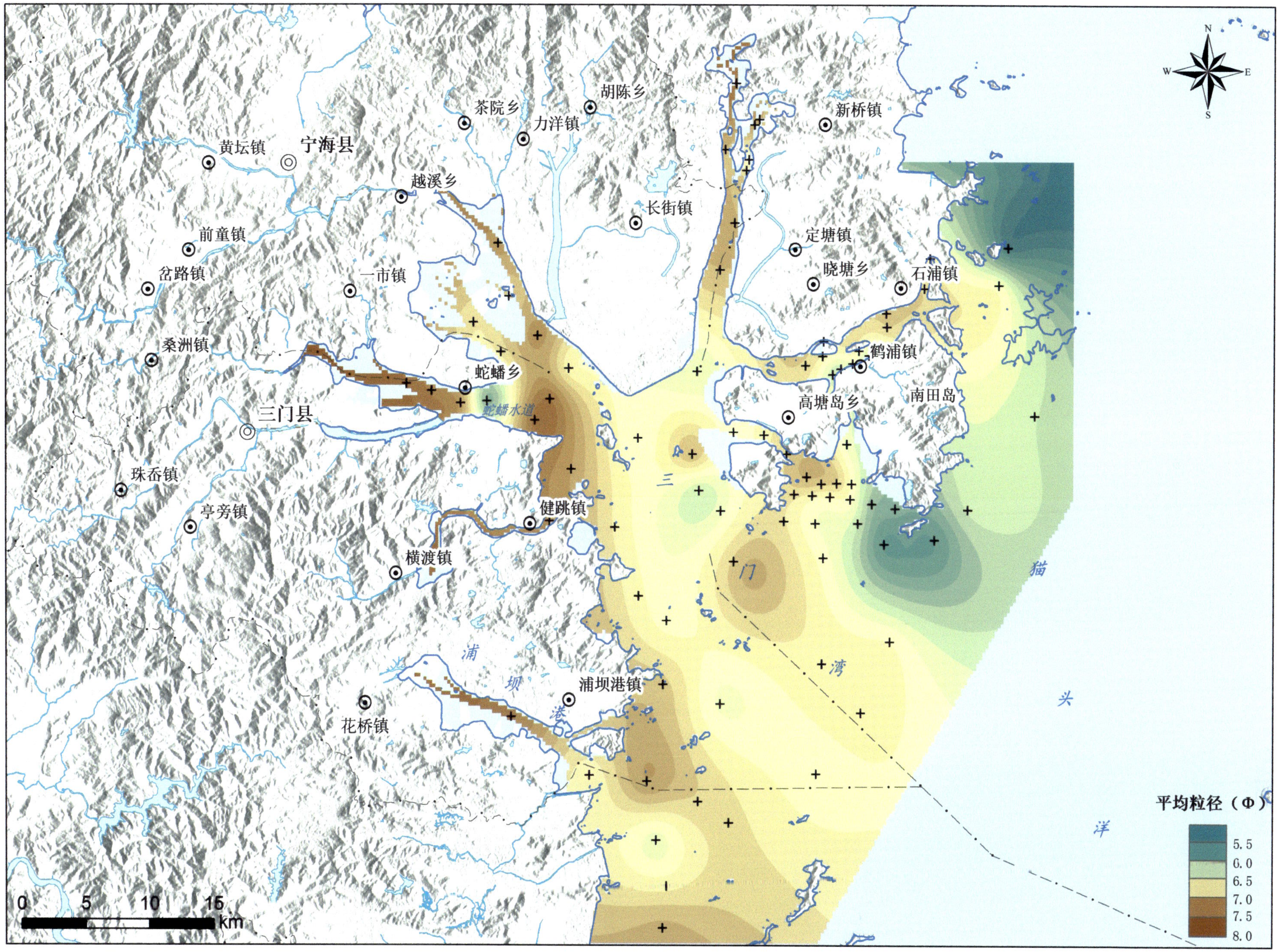

三门湾表层沉积物粒度分级采用伍登－温德华－Φ 值标准，该数值越大表明沉积物颗粒直径越小，颗粒越细。三门湾表层沉积物平均粒径数值主要为 5 ~ 8，相对粗的颗粒物质分布在蛇蟠水道、南田岛南侧及石浦镇东侧；细颗粒物质分布在湾顶汊道内。总体上，三门湾表层沉积物平均粒径较邻近外海的细。

3

自然资源要素

3.1 三门湾海岸带滩涂资源分布图

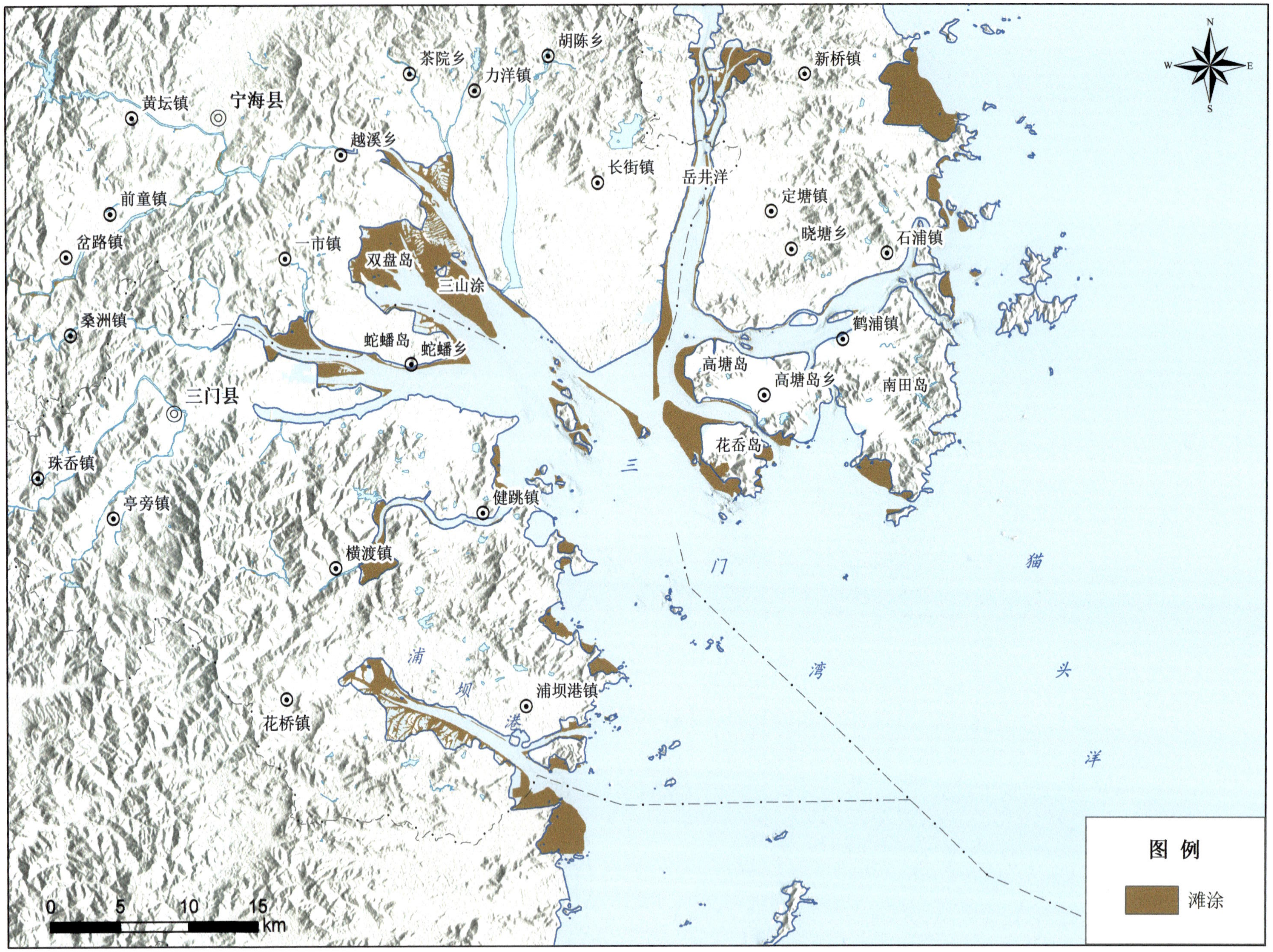

三门湾海岸带地区分布有大面积滩涂，主要在南田岛南侧、高塘岛西侧、花岙岛周边、岳井洋湾顶、三山涂和双盘岛区域、蛇蟠岛周边、健跳港湾顶和浦坝港湾顶，其中，三山涂和双盘岛区域的滩涂在整个三门湾内分布面积最大。

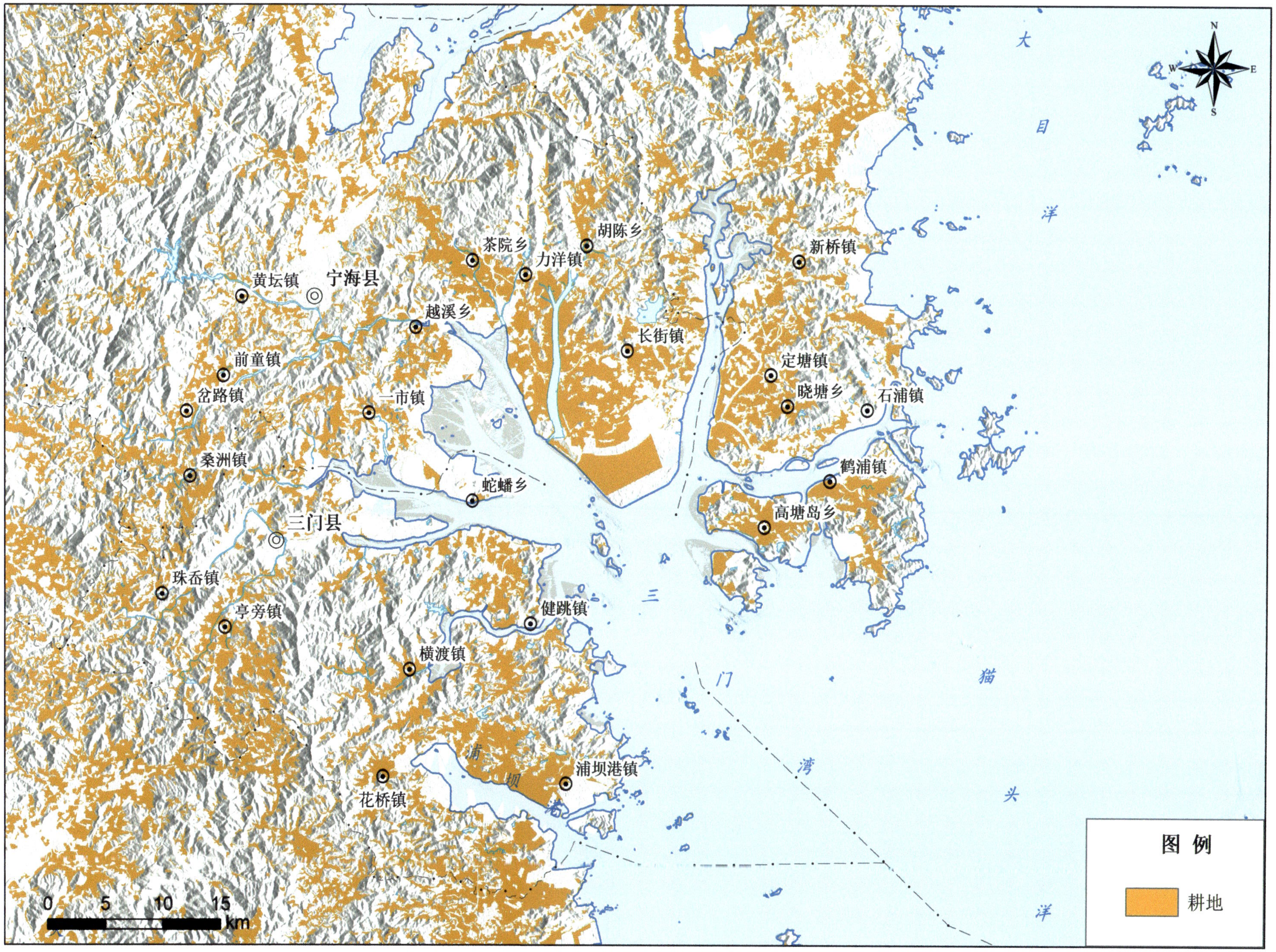

三门湾海岸带地区的耕地资源是由山前冲洪积扇和坡积扇发育演变而成的，主要分布在山间洼地、小型盆地和河流谷地中，很少有连接成片的大块耕地。其中，长街镇、力洋镇和浦坝港镇耕地资源分布比较集中，新桥镇、石浦镇、横渡镇、蛇蟠乡耕地资源少且较分散。

3.3 三门湾海岸带森林资源分布图

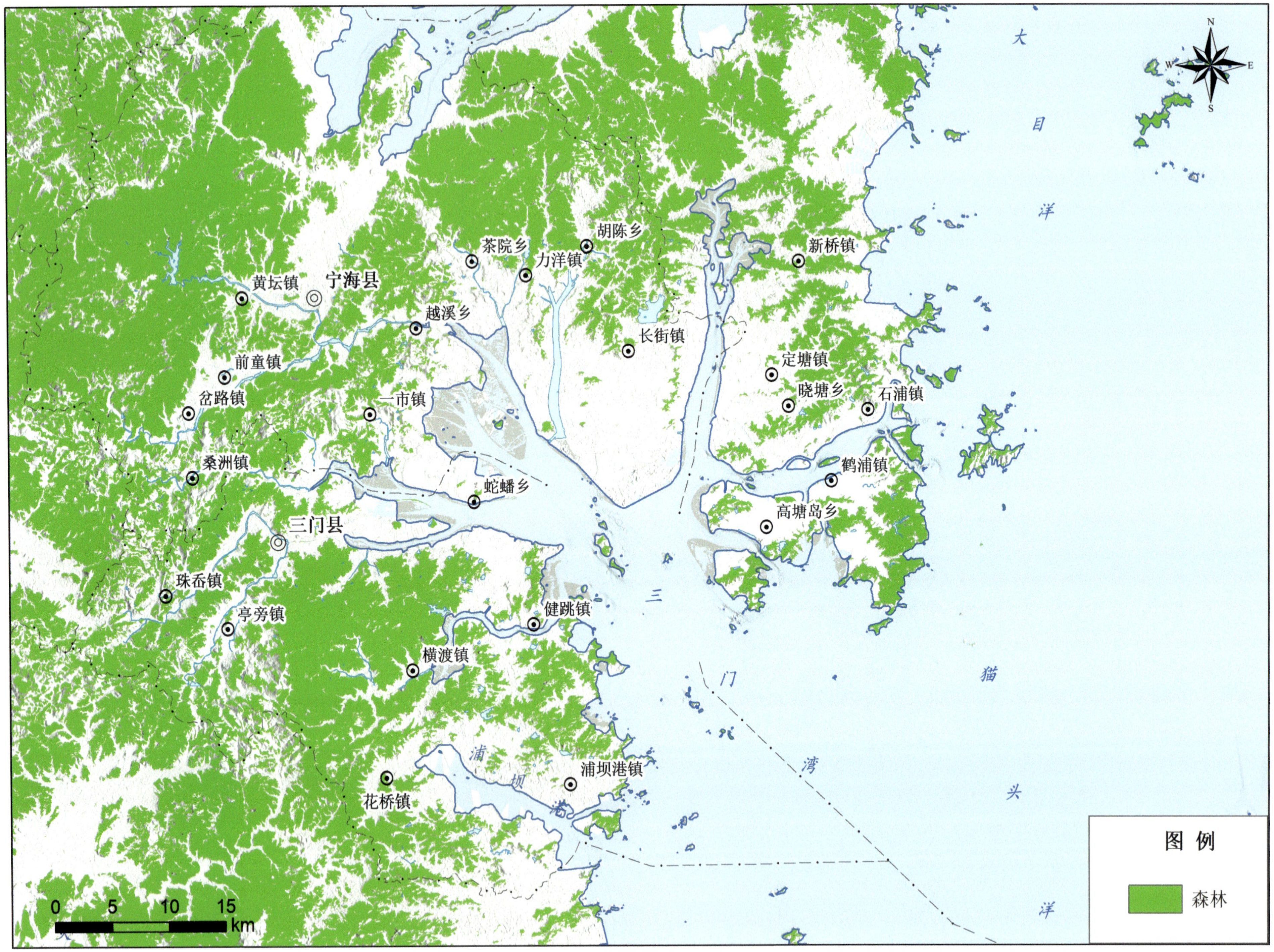

三门湾海岸带地区的森林资源主要分布在低山丘陵地区，在各类土地类型中分布范围最广，基本分布于 50 m 以上高程的区域。其中，横渡镇西部和力洋镇北部等山区森林资源连接成片，长街镇和力洋镇南部森林资源相对少。

4

国土空间状态及变化

4.1 三门湾海岸带土地利用类型图

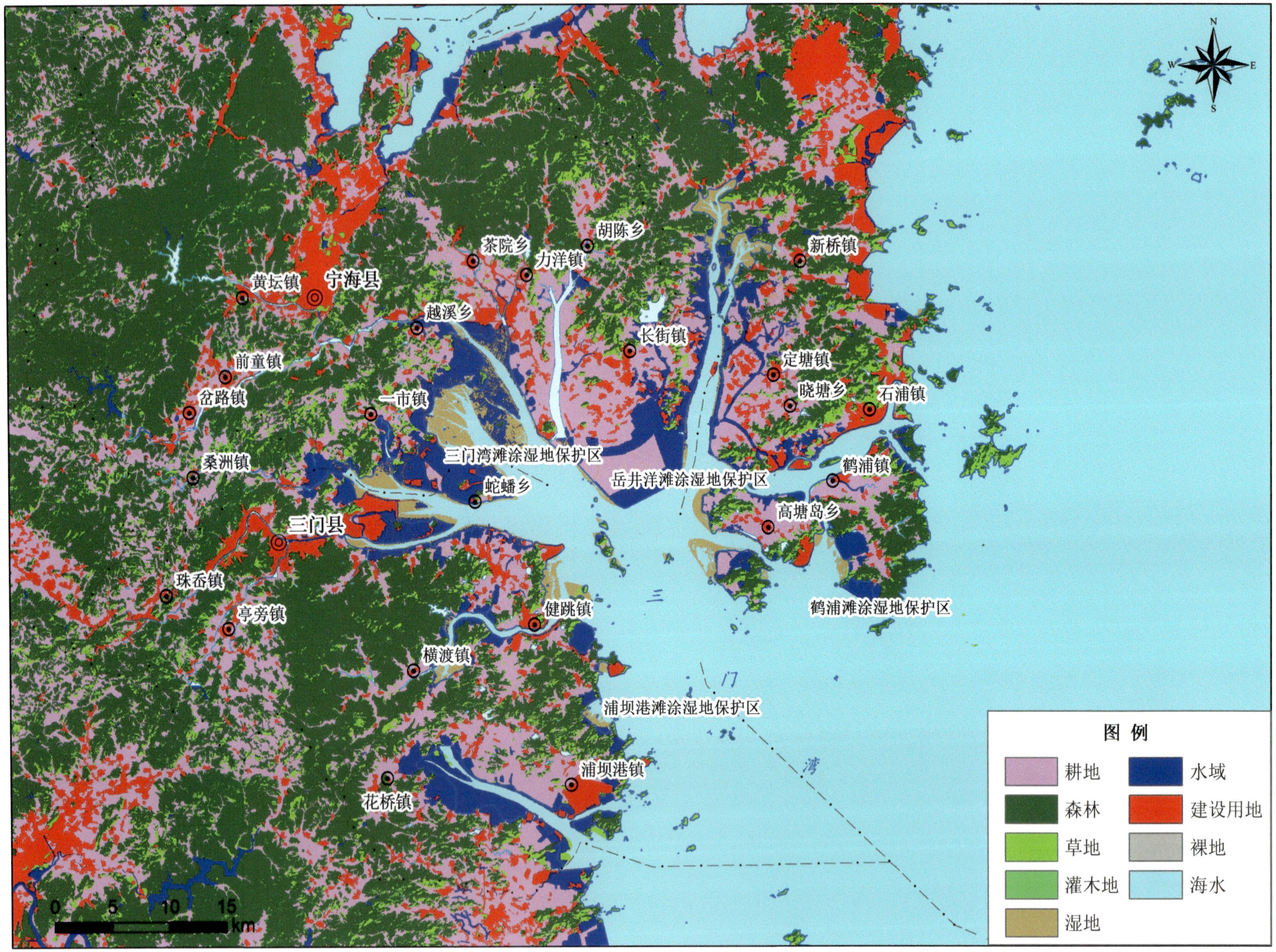

三门湾海岸带土地利用类型包括耕地、森林、草地、灌木地、水域、建设用地、湿地和裸地8种，其中森林分布范围最广，基本分布于50 m以上高程的区域，耕地次之，水域第三，建设用地第四，草地第五，湿地分布面积最少。湿地多分布于三门湾滩涂湿地保护区、岳井洋滩涂湿地保护区、浦坝港滩涂湿地保护区和鹤浦滩涂湿地保护区。

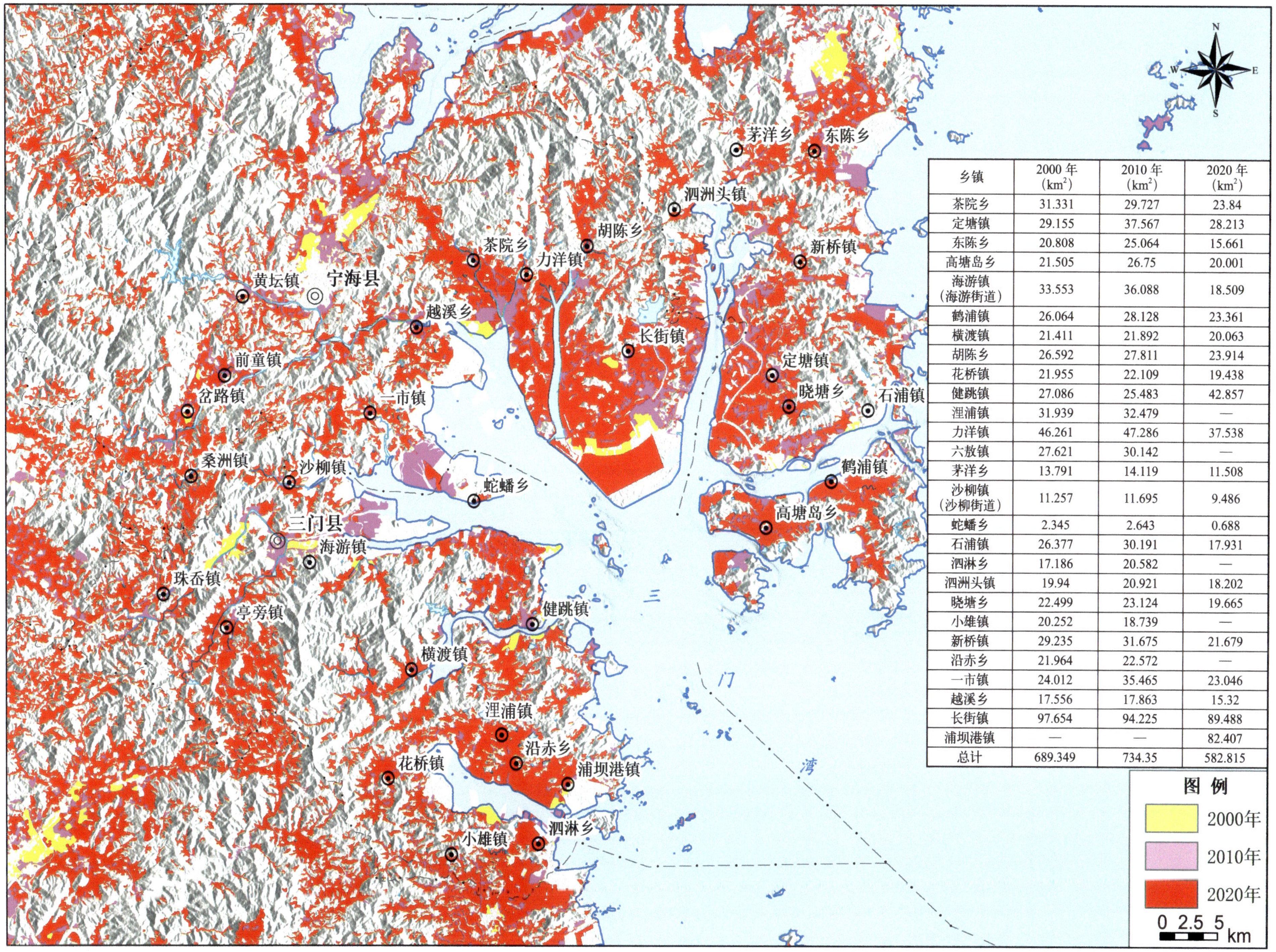

乡镇	2000 年 (km^2)	2010 年 (km^2)	2020 年 (km^2)
茶院乡	31.331	29.727	23.84
定塘镇	29.155	37.567	28.213
东陈乡	20.808	25.064	15.661
高塘岛乡	21.505	26.75	20.001
海游镇（海游街道）	33.553	36.088	18.509
鹤浦镇	26.064	28.128	23.361
横渡镇	21.411	21.892	20.063
胡陈乡	26.592	27.811	23.914
花桥镇	21.955	22.109	19.438
健跳镇	27.086	25.483	42.857
浬浦镇	31.939	32.479	—
力洋镇	46.261	47.286	37.538
六敖镇	27.621	30.142	—
茅洋乡	13.791	14.119	11.508
沙柳镇（沙柳街道）	11.257	11.695	9.486
蛇蟠乡	2.345	2.643	0.688
石浦镇	26.377	30.191	17.931
泗淋乡	17.186	20.582	—
泗洲头镇	19.94	20.921	18.202
晓塘乡	22.499	23.124	19.665
小雄镇	20.252	18.739	—
新桥镇	29.235	31.675	21.679
沿赤乡	21.964	22.572	—
一市镇	24.012	35.465	23.046
越溪乡	17.556	17.863	15.32
长街镇	97.654	94.225	89.488
浦坝港镇	—	—	82.407
总计	689.349	734.35	582.815

三门湾海岸带耕地面积 2000 年为 689.35 km^2，2010 年为 734.35 km^2，2020 年为 582.82 km^2，截至 2010 年，耕地面积保持稳中增长的趋势，自 2010 年呈快速递减的趋势，其中，蛇蟠乡耕地面积最少，当前已不足 1 km^2，定塘镇、东陈乡、力洋镇、石浦镇、新桥镇耕地面积减少约 10 km^2。

注：2013 年，撤销小雄镇、沿赤乡、浬浦镇和泗淋乡建制，合并成立浦坝港镇；撤销沙柳镇、海游镇建制，改设沙柳街道和海游街道；撤销六敖镇，并入健跳镇。

4.3 三门湾海岸带建设用地变化形势图

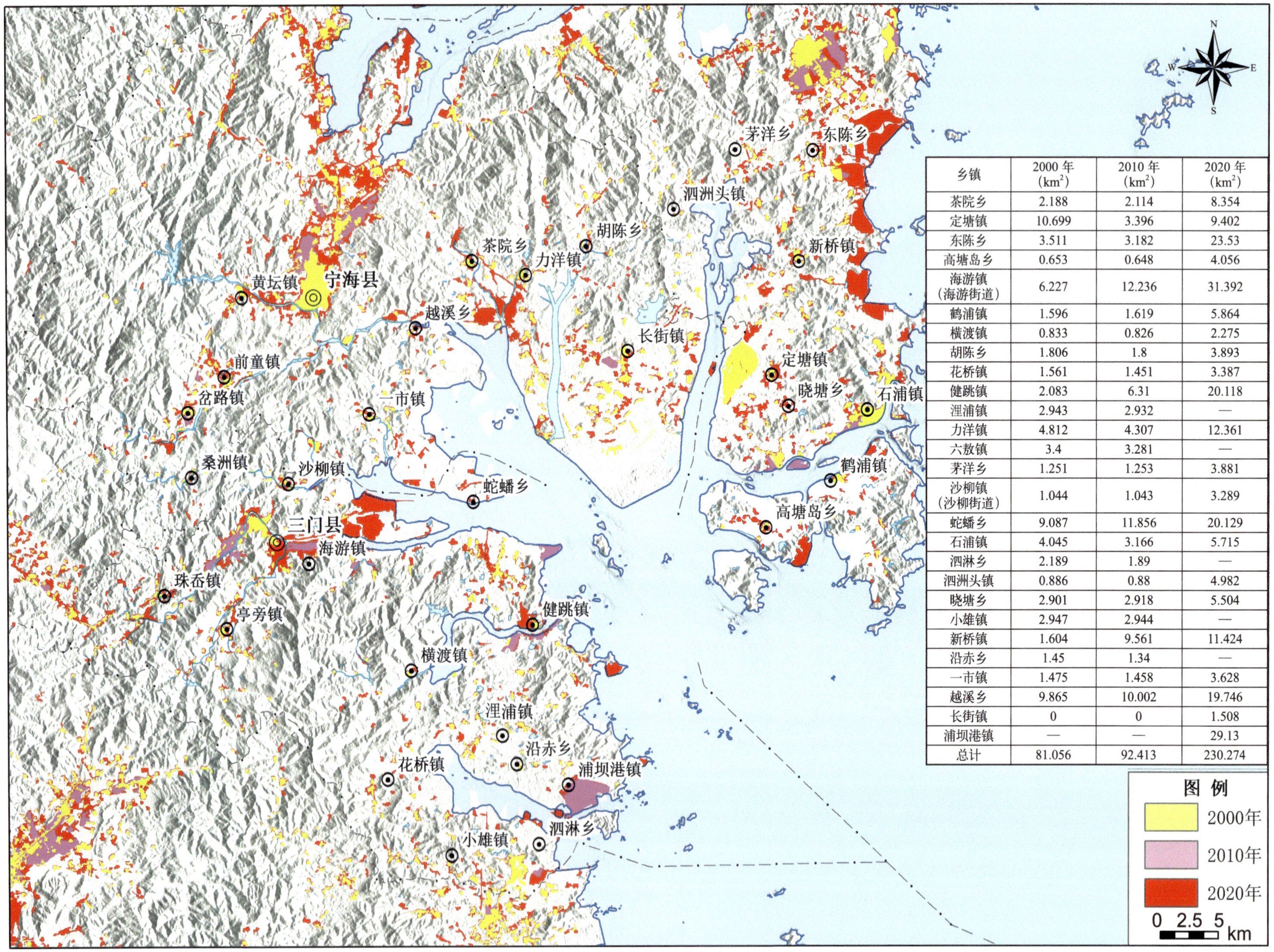

乡镇	2000 年 (km^2)	2010 年 (km^2)	2020 年 (km^2)
茶院乡	2.188	2.114	8.354
定塘镇	10.699	3.396	9.402
东陈乡	3.511	3.182	23.53
高塘岛乡	0.653	0.648	4.056
海游镇（海游街道）	6.227	12.236	31.392
鹤浦镇	1.596	1.619	5.864
横渡镇	0.833	0.826	2.275
胡陈乡	1.806	1.8	3.893
花桥镇	1.561	1.451	3.387
健跳镇	2.083	6.31	20.118
浬浦镇	2.943	2.932	—
力洋镇	4.812	4.307	12.361
六敖镇	3.4	3.281	—
茅洋乡	1.251	1.253	3.881
沙柳镇（沙柳街道）	1.044	1.043	3.289
蛇蟠乡	9.087	11.856	20.129
石浦镇	4.045	3.166	5.715
泗淋乡	2.189	1.89	—
泗洲头镇	0.886	0.88	4.982
晓塘乡	2.901	2.918	5.504
小雄镇	2.947	2.944	—
新桥镇	1.604	9.561	11.424
沿赤乡	1.45	1.34	—
一市镇	1.475	1.458	3.628
越溪乡	9.865	10.002	19.746
长街镇	0	0	1.508
浦坝港镇	—	—	29.13
总计	81.056	92.413	230.274

三门湾海岸带建设用地面积 2000 年为 81.06 km^2，2010 年为 92.41 km^2，2020 年为 230.27 km^2，呈快速增长趋势。其中，除定塘镇建设用地面积减少外，其他各乡镇建设用地面积均有所增加。除了 2013 年设立的浦坝港镇，建设用地面积增加最为明显的是海游镇（海游街道）、东陈乡、健跳镇、石浦镇、长街镇、新桥镇以及力洋镇。

4.4 三门湾海岸线类型分布图

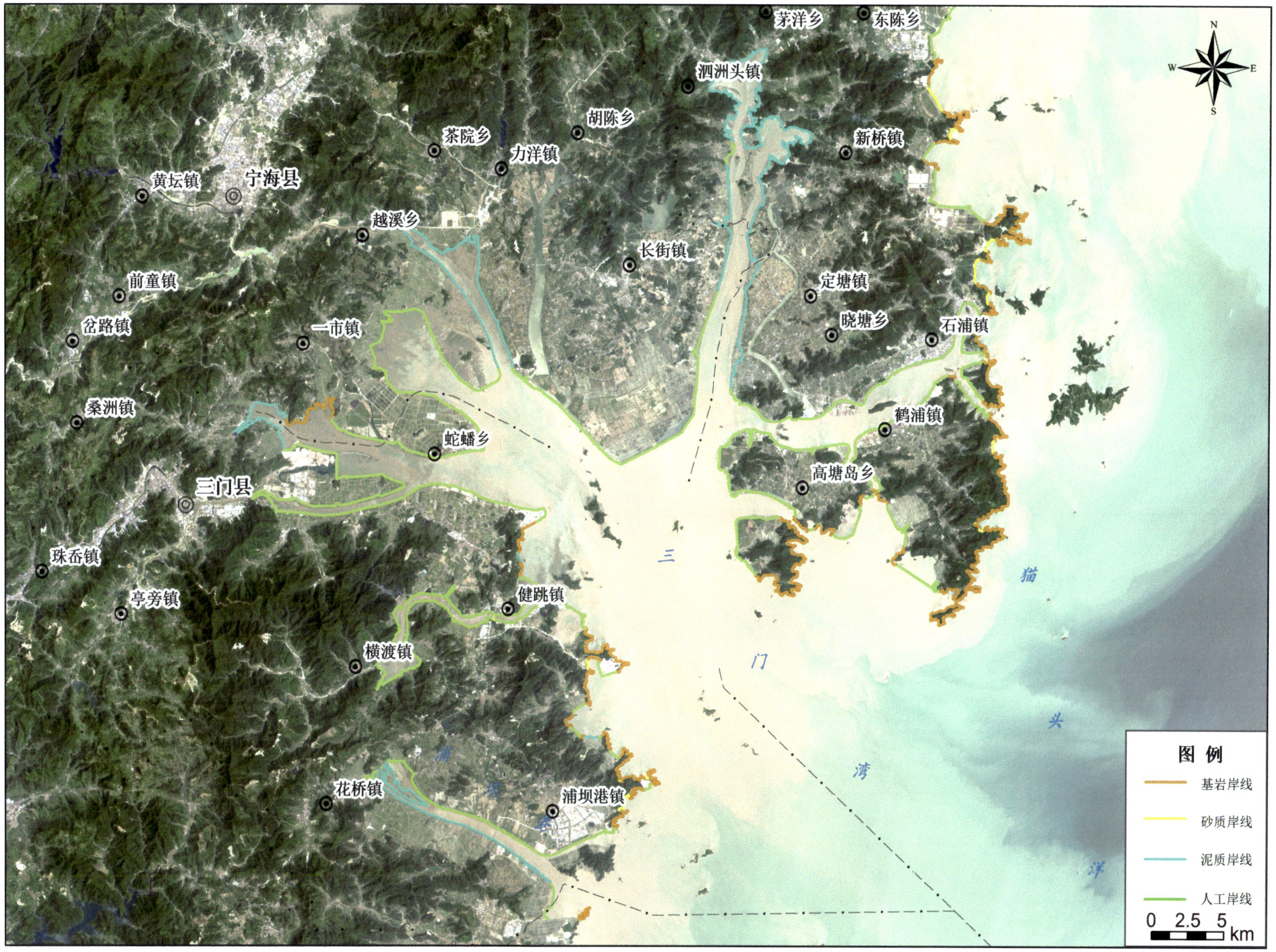

三门湾海岸带岸线类型主要包括基岩岸线、砂质岸线、泥质岸线、河口岸线和人工岸线。岸线总长约 656.55 km，其中，人工岸线分布范围最广，长度约 316.79 km，广泛分布于高塘岛乡、鹤浦镇、长街镇、越溪乡、蛇蟠乡、健跳镇、浦坝港镇以及海游街道、横渡镇的部分区域；基岩岸线分布范围较广，长度约 183.86 km，重点分布于鹤浦镇、高塘岛乡、石浦镇以及浦坝港镇、一市镇区域；泥质岸线分布范围次之，长度约 143.19 km，大部分分布于越溪乡、泗洲头镇、茅洋乡、新桥镇、长街镇、定塘镇、晓塘乡以及花桥镇、浦坝港镇区域；砂质岸线分布范围较少，长度约 11.23 km，分布于东部沿海的鹤浦镇、石浦镇和东陈乡以及西南沿海的健跳镇、浦坝港镇区域；另有极少的河口岸线分布，长度约 1.48 km，零散分布于象山县鹤浦镇、三门县海游街道和沙柳街道、横渡镇以及宁海县越溪乡区域。

4.5 三门湾海岸线变化形势图

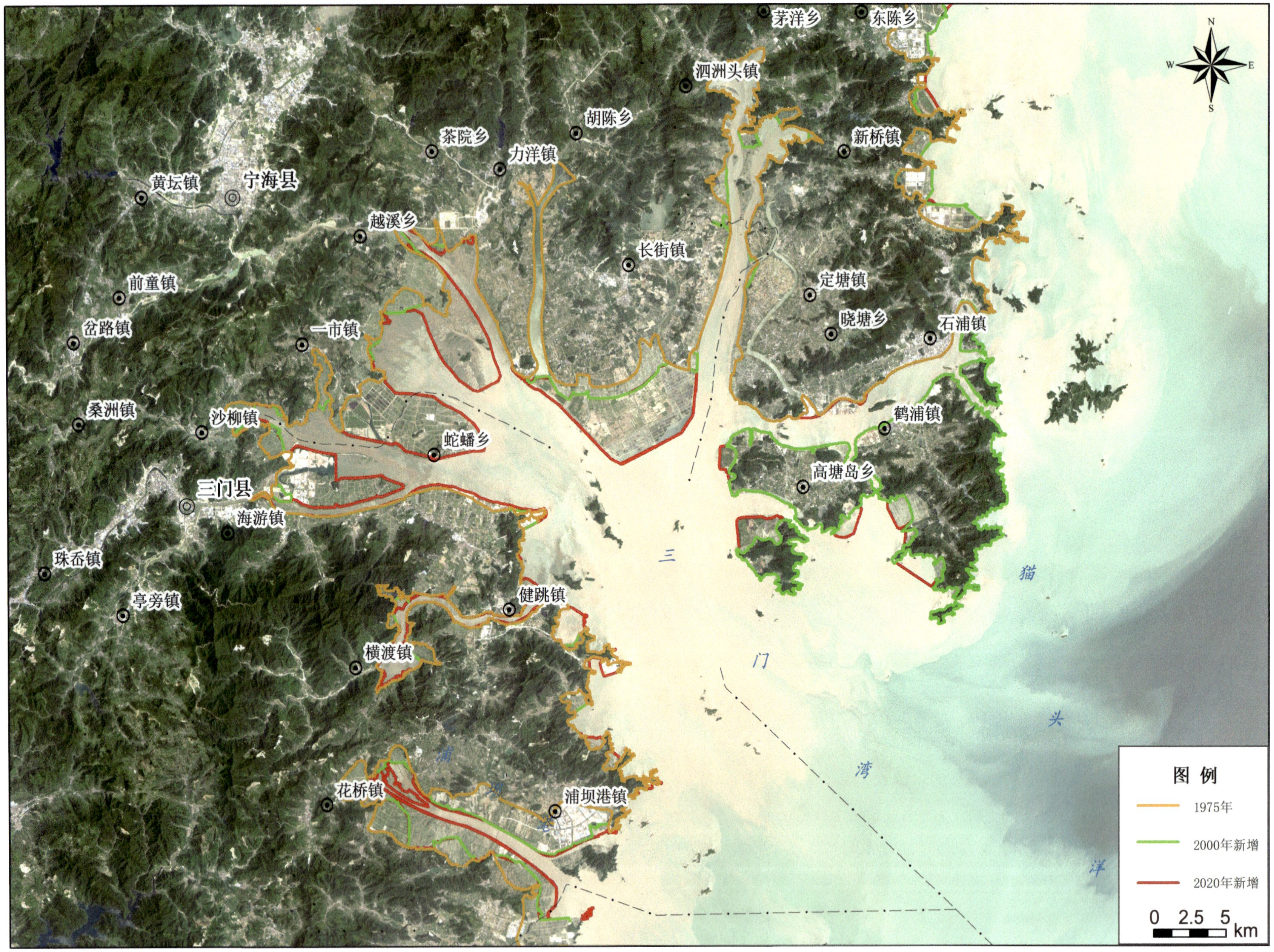

三门湾海岸带 1975 年岸线总长度约为 603.59 km，2000 年岸线总长度约为 636.02 km，2020 年岸线总长度约为 656.55 km，岸线总长度呈逐年递增的趋势，其中，1975—2000 年岸线长度每年递增约为 1.297 km，2000—2020 年岸线长度每年递增约为 1.026 km，岸线逐年递增趋势减缓。三门湾海岸带岸线变化较大的区域重点集中于沿海围填较多的高塘岛乡、鹤浦镇、蛇蟠乡、长街镇、越溪乡、健跳镇、花桥镇、浦坝港镇区域。

4.6 三门湾海岸线变化强度图

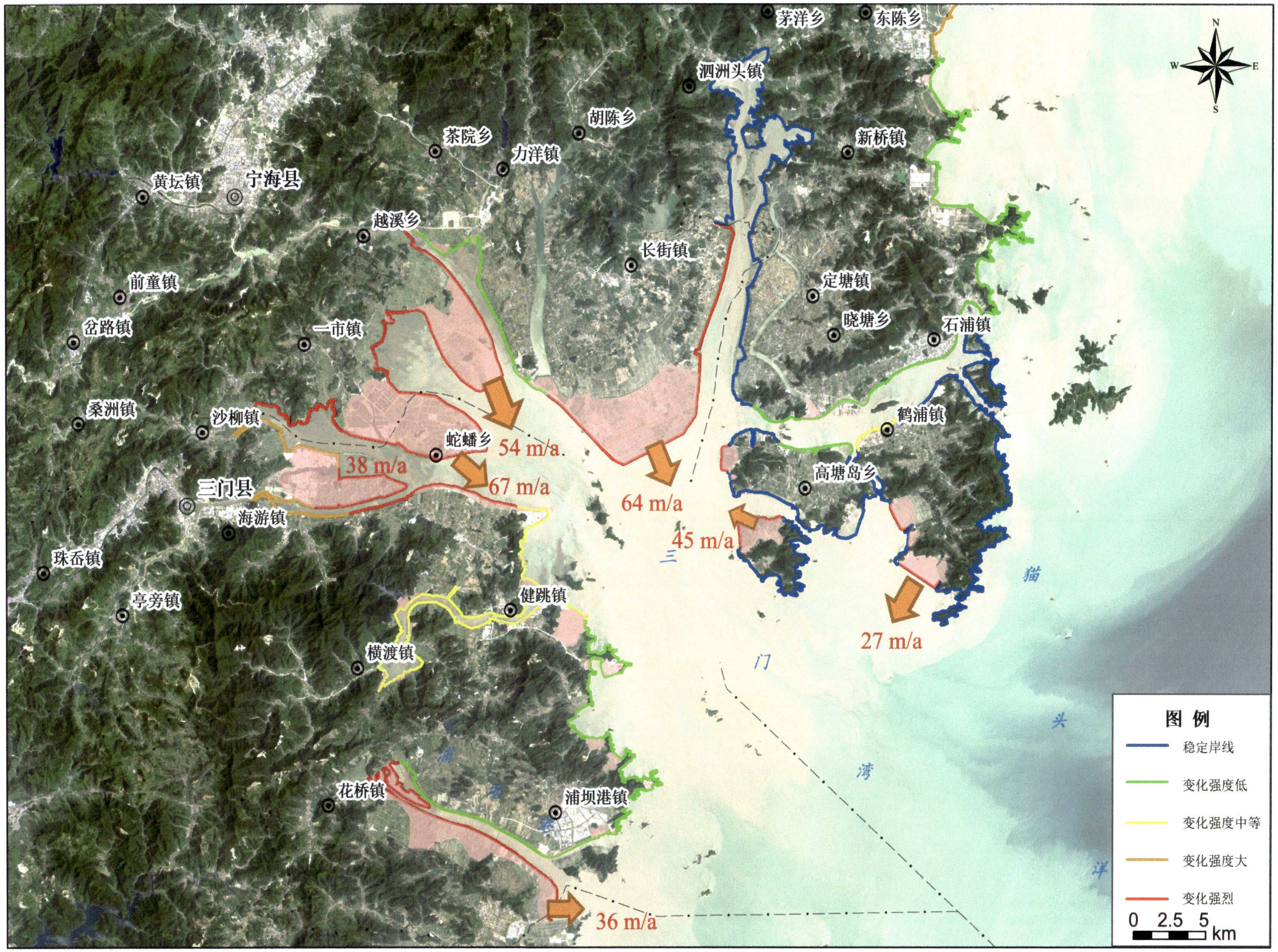

利用2000年和2020年两期海岸线位置，对比分析三门湾海岸带不同岸段的岸线变化强度，分析结果表明，三门湾海岸带稳定岸线分布范围最广，长度约219.34 km，占总岸线长度的33.57%；变化强度低的岸线分布范围次之，长度约174.42 km，占总岸线长度的26.7%；变化强烈的岸线分布范围较广，长度约165.41 km，占总岸线长度的25.32%；变化强度中等的岸线分布范围较少，长度约62.34 km，占总岸线长度的9.54%；变化强度大的岸线分布范围最少，长度约31.8 km，占总岸线长度的4.87%。其中，变化强烈的岸线重点集中于沿海围填较多的高塘岛乡、鹤浦镇、蛇蟠乡、长街镇、越溪乡、健跳镇、花桥镇、浦坝港镇区域。

4.7 三门湾围填海利用现状图

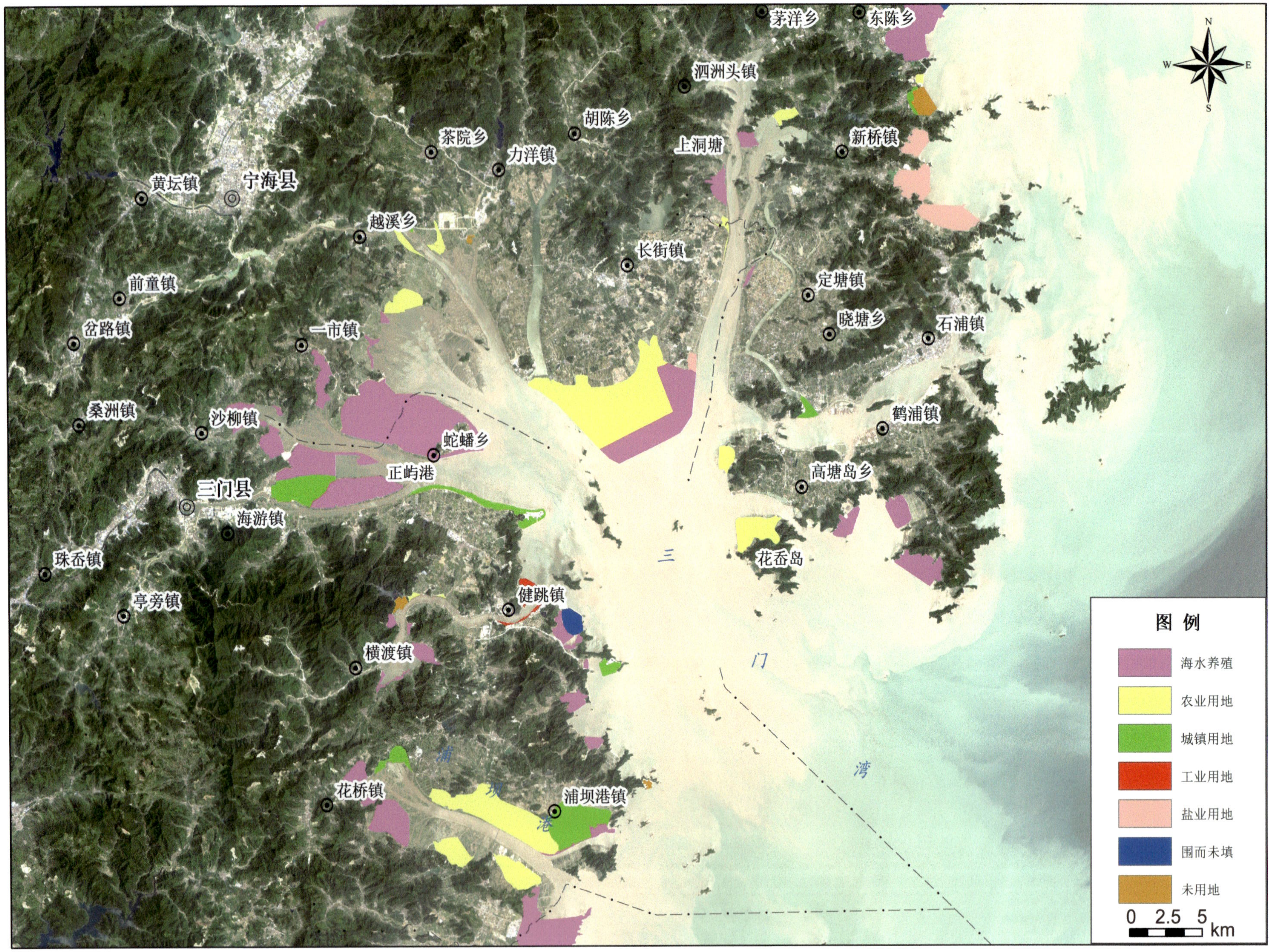

三门县正屿港围填海用途为围海养殖及临港工业区建设。宁海县蛇蟠乡存在围海养殖，越溪乡围填海以农业围垦为主。长街镇围填海以围海养殖及农业围垦为主。象山县上洞塘以围海养殖为主，南部有农业围垦。花岙岛及高塘岛西端为农业围垦，高塘岛南部为围海养殖。象山县新桥镇东部以盐田围海为主，部分地区存在围海养殖、填而未用及临港工业区建设及农业围垦。

4.8 三门湾围填海变化形势图

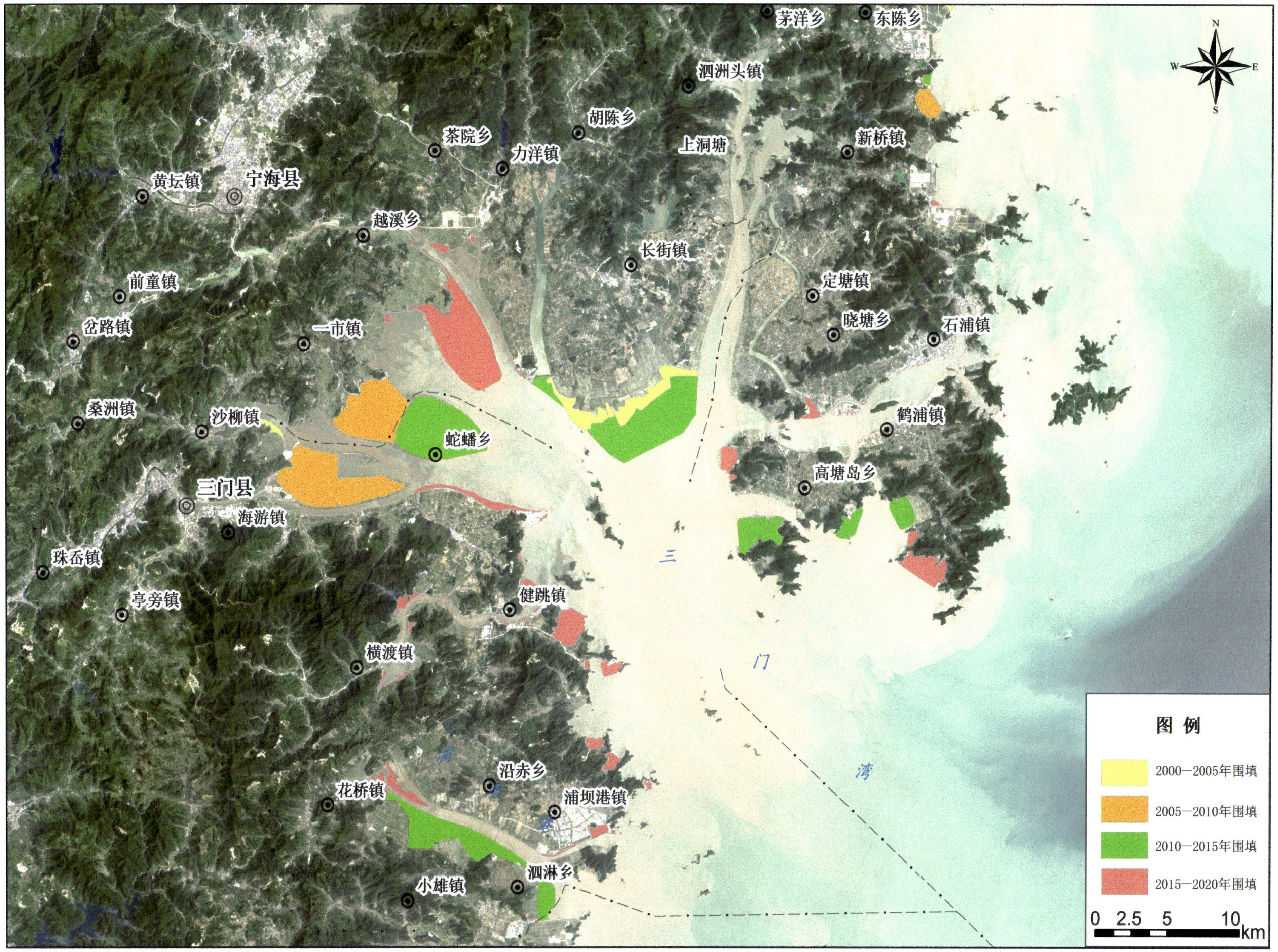

2000—2020 年，三门湾海岸带地区围填海面积的变化可分为四个阶段：第一个 5 年，围填区集中在长街镇南部沿海的狭小范围内，围填面积较小；第二个 5 年，围填区集中在蛇蟠乡西部和南部沿海滩涂，围填面积大增；第三个 5 年，围填区的面积和分布范围进一步扩大；第四个 5 年，围填区的分布范围也较大，但大部分围填地块的面积都较小，最大的围填区块位于三门湾西北部的越溪乡滩涂区。总体而言，三门湾海岸带地区在最近 20 年的时间内，围填海面积增加了 54.25 km^2，其中：建设用地面积 15.35 km^2，养殖用地面积 8.69 km^2，围垦用地面积 15.99 km^2，还有“围而未填、填而未用”的围填区 14.22 km^2。

4.9 三门湾海水养殖用海分布图

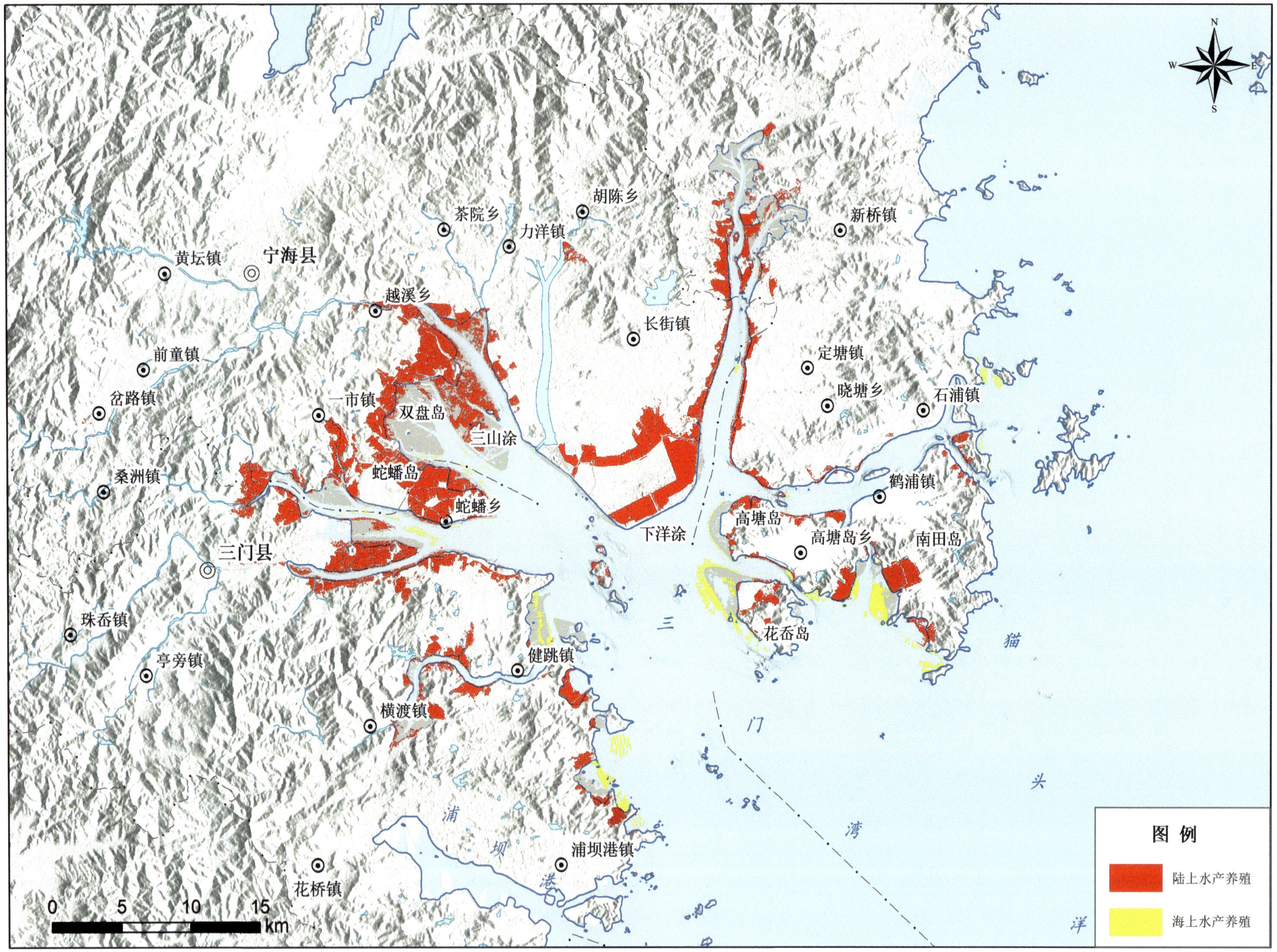

三门湾湾内水产主要以虾、蟹、鱼以及贝类养殖为主，图中红色区域为陆上水产养殖，黄色区域为海上水产养殖。陆上水产养殖区以养殖池为主，分布在下洋涂、三山涂、蛇蟠乡等区域，采用混养模式，2019 年 1 月养殖池面积为 142.53 km^2。海上水产养殖区以吊笼养殖牡蛎和网箱养殖鱼类为主，分布在蛇蟠水道、青山港、健跳港至浦坝港沿岸、花岙岛、高塘岛以及南田岛区域，自由采食与人工投食结合，2019 年 1 月海上养殖面积为 15.75 km^2。

4.10 三门湾海水养殖用海变化形势图

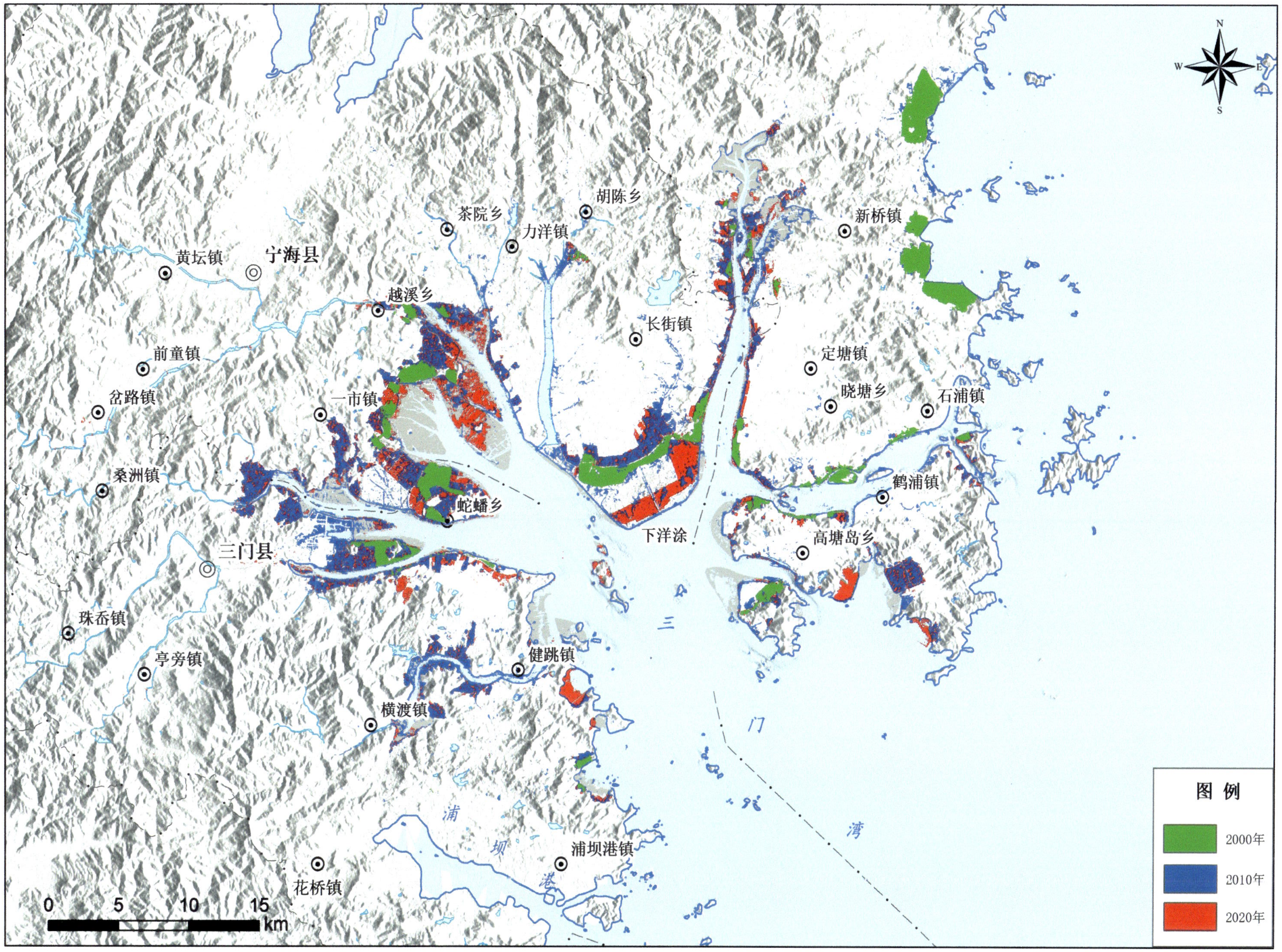

由于近几年围垦造地，三门湾湾内淤积面积加剧，沿湾水产养殖池数量不断增加，面积不断扩大，图中绿色区域为 2000 年三门湾陆域水产养殖池面积；蓝色区域为 2000—2010 年三门湾陆域新增水产养殖池面积；红色区域为 2010—2020 年三门湾陆域新增水产养殖池面积。从 2000 年到 2020 年，下洋涂、蛇蟠乡等地的水产养殖区域有明显向外扩张、面积扩大的趋势，海水港汊内逐渐出现鱼排、吊笼和网箱水产养殖。

5

生态环境状态及变化

5.1 三门湾滩涂互花米草分布图

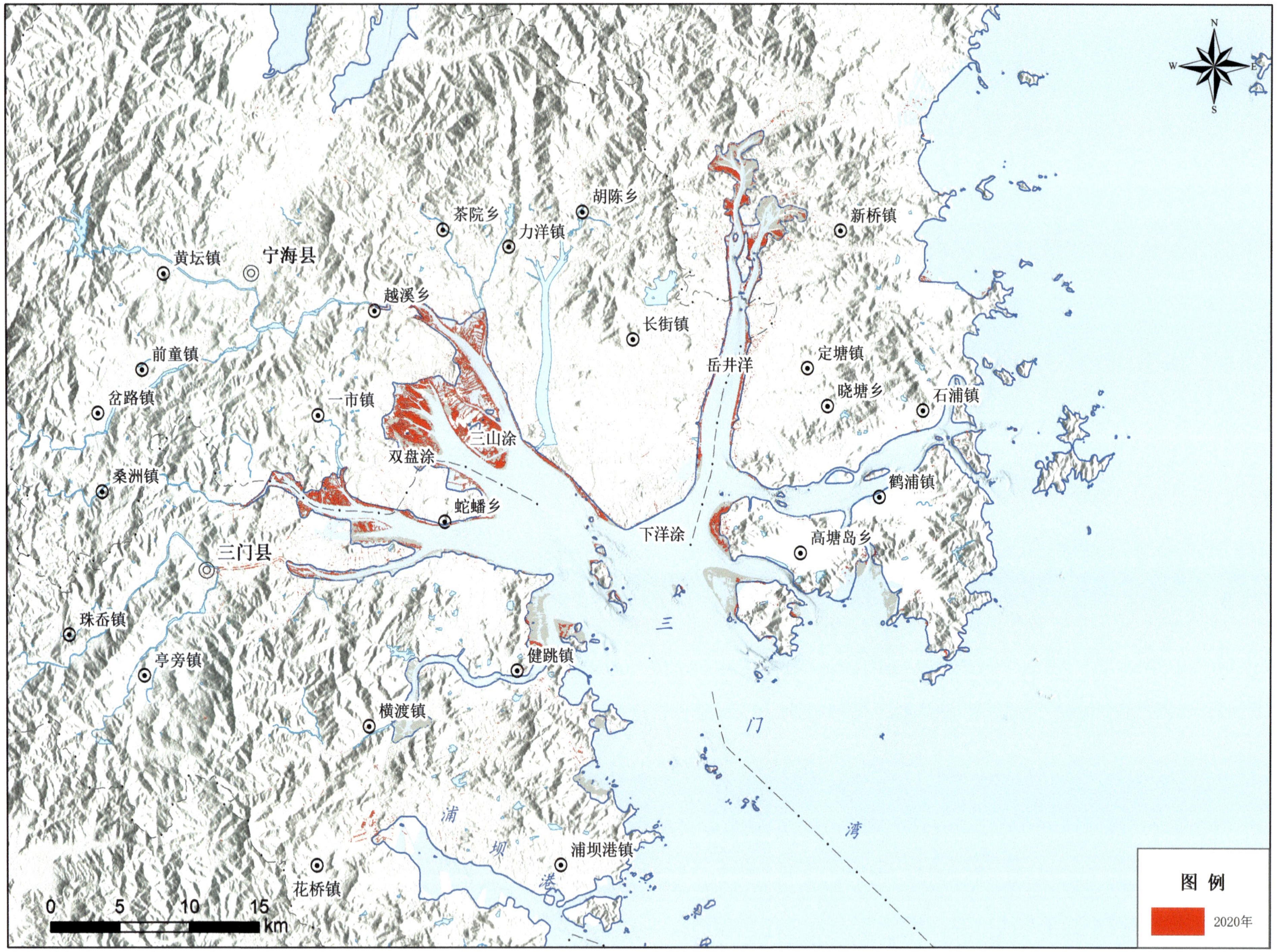

2020 年，三门湾湾内互花米草生长面积为 34.9 km^2，主要分布于双盘涂、三山涂、蛇蟠乡北侧和南侧、岳井洋沿岸和高塘岛西侧，其中，三山涂和双盘涂面积最大，互花米草生长密度高。

5.2 三门湾滩涂互花米草变化形势图

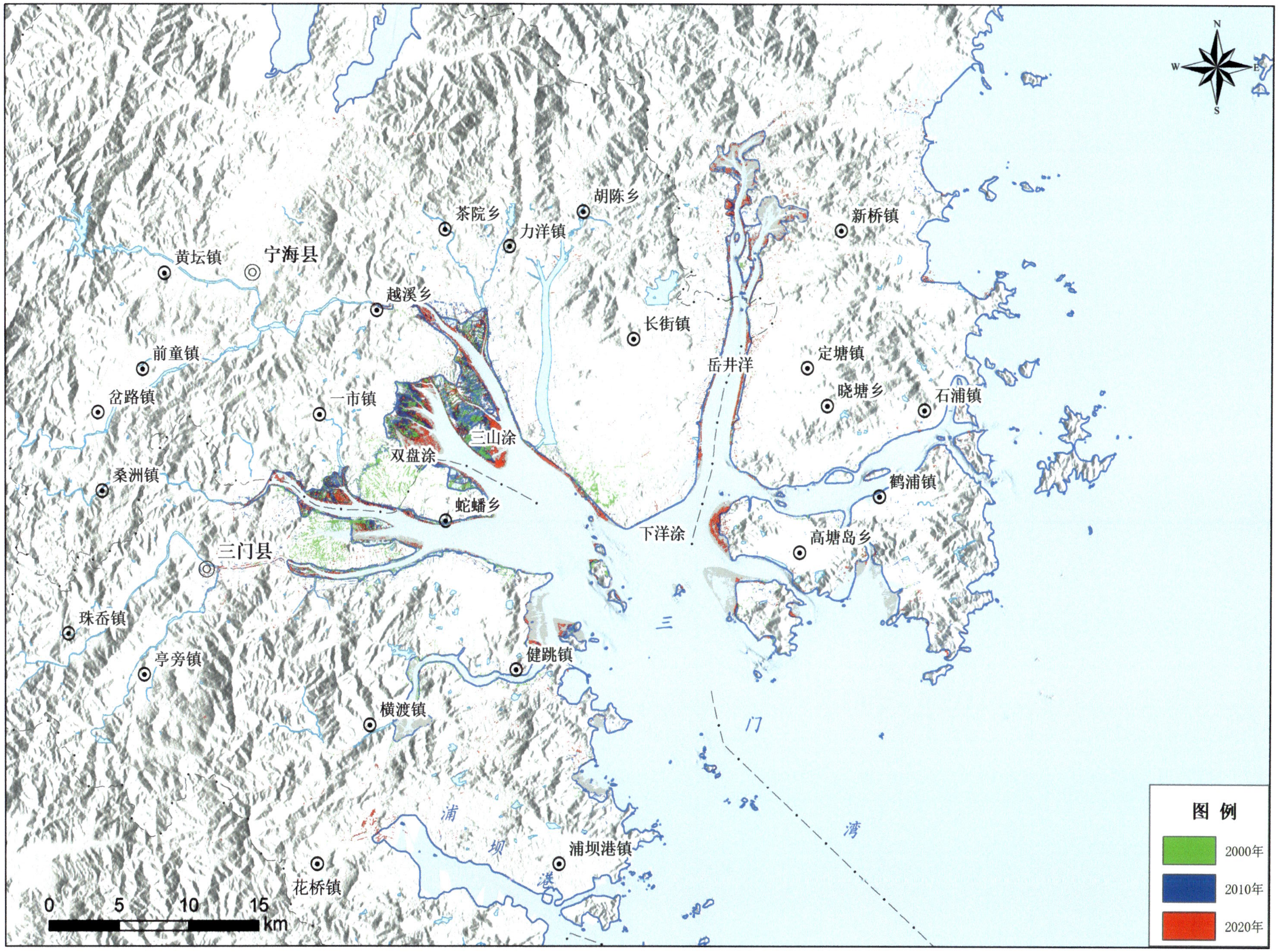

三门湾湾内近几年围垦造地，湾内淤积面积增加，互花米草生存环境扩大，图中绿色区域为2000年三门湾内互花米草生长区域，面积为21.8 km^2；蓝色区域为2010年三门湾互花米草新增生长区域，总面积为38.98 km^2；红色区域为2020年三门湾内互花米草新增生长区域，总面积为34.9 km^2。2000年互花米草主要分布在三山涂、蛇蟠乡、三门县主城区东部以及下洋涂西侧岸边，2010年互花米草主要分布在三山涂以及蛇蟠乡北侧和西侧，2020年互花米草主要分布在岳井洋、高塘岛、蛇蟠乡沿岸和三山涂沿岸，互花米草生长区域呈向外海扩张的趋势。

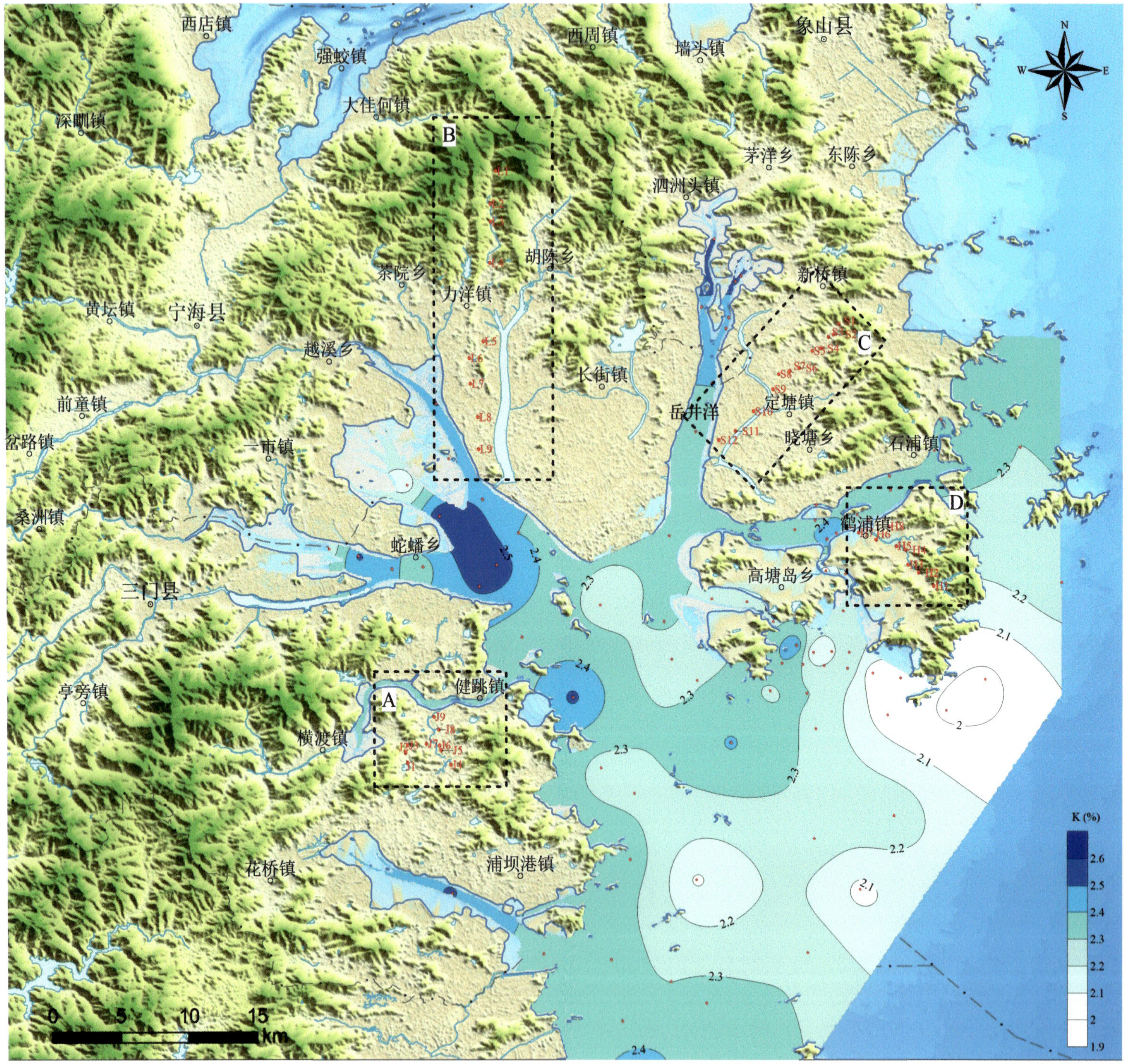

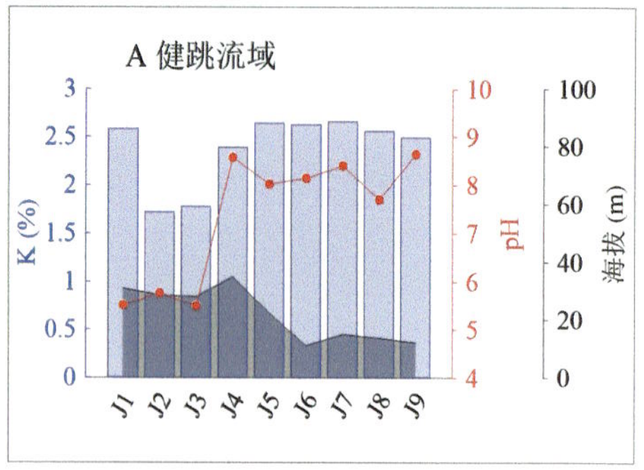

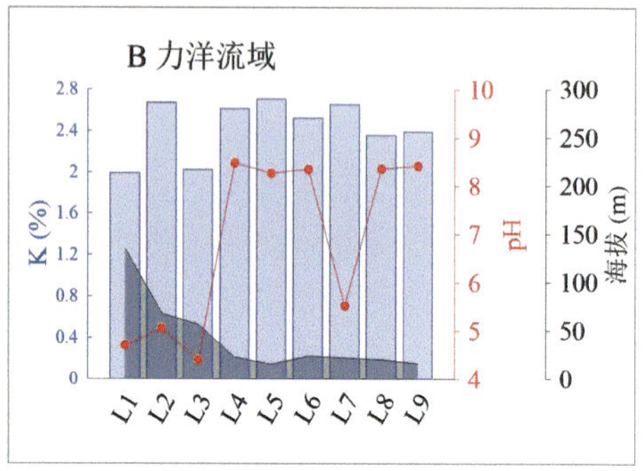

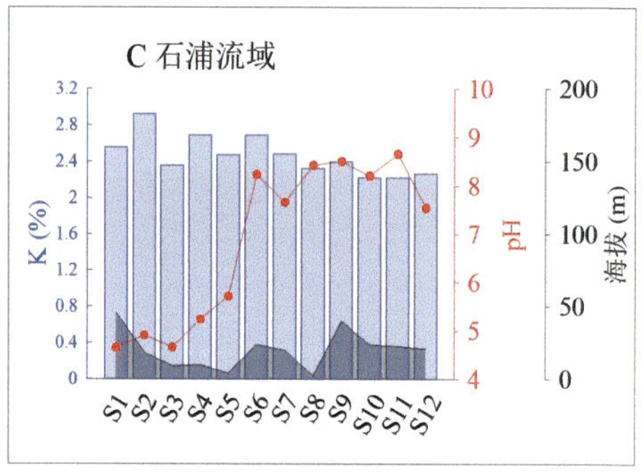

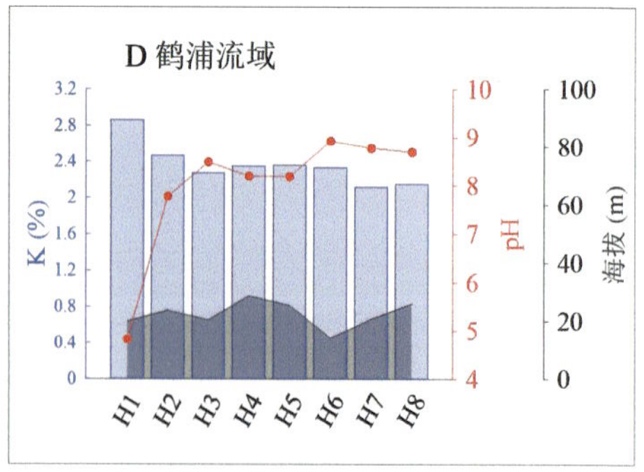

选择如图中所示的 A 健跳流域、B 力洋流域、C 石浦流域以及 D 鹤浦流域作为三门湾海岸带区域内典型流域，右侧为对应流域内土壤中 K 元素含量分布柱状图。A 健跳流域中 K 元素含量为 1.7% ~ 2.7%，平均值 2.4%。B 力洋流域中 K 元素含量为 2.0% ~ 2.7%，平均值 2.4%。C 石浦流域中 K 元素含量为 2.2% ~ 2.9%，平均值 2.5%；D 鹤浦流域中 K 元素含量为 2.1% ~ 2.9%，平均值 2.4%。海域沉积物中 K 元素含量为 2.0% ~ 2.6%，平均值 2.3%，高值区分布在岳井洋湾顶、蛇蟠水道外部和健跳港东部，整体含量由湾内向外海逐渐增高，沿岸分布最低值区域。

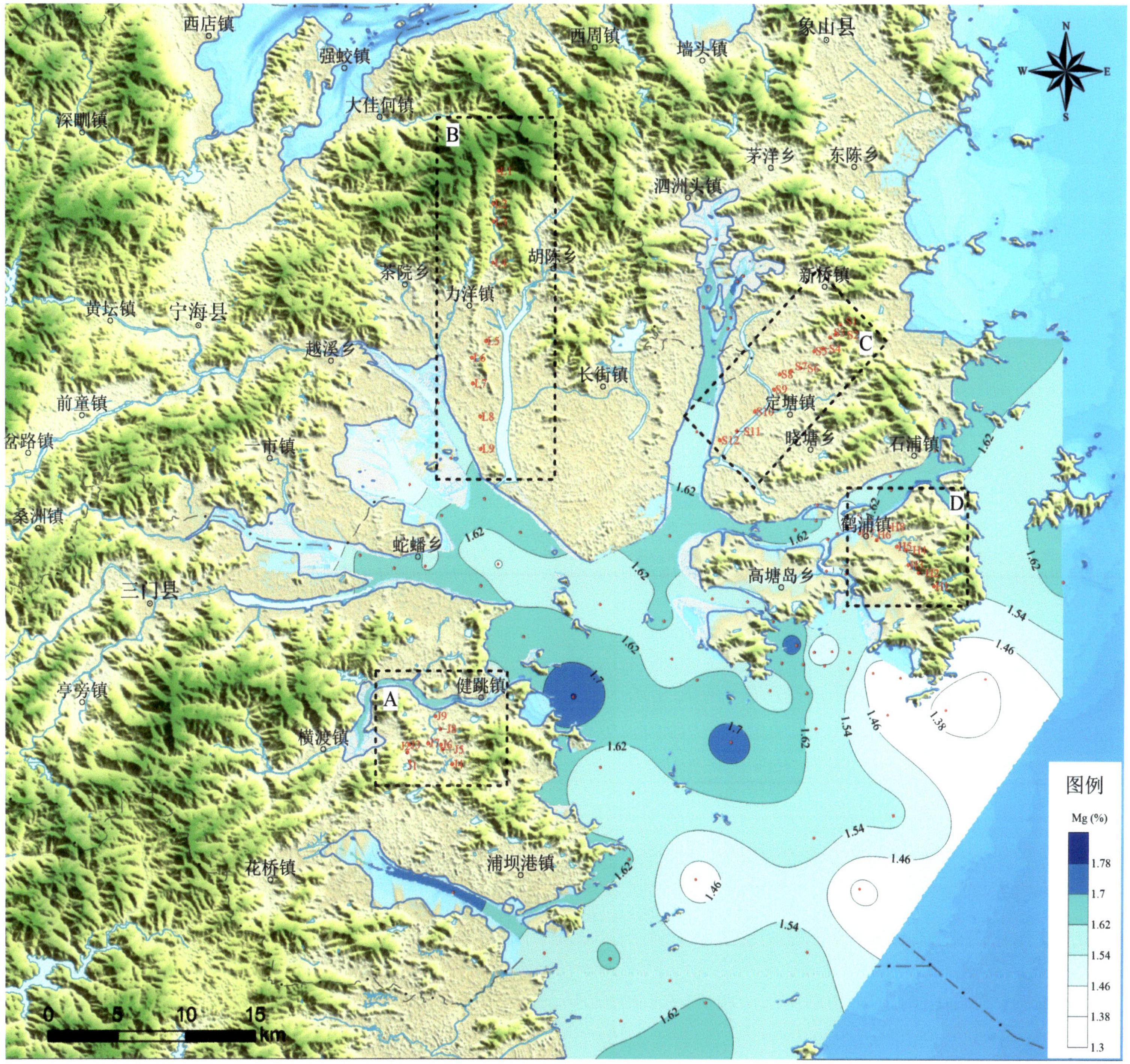

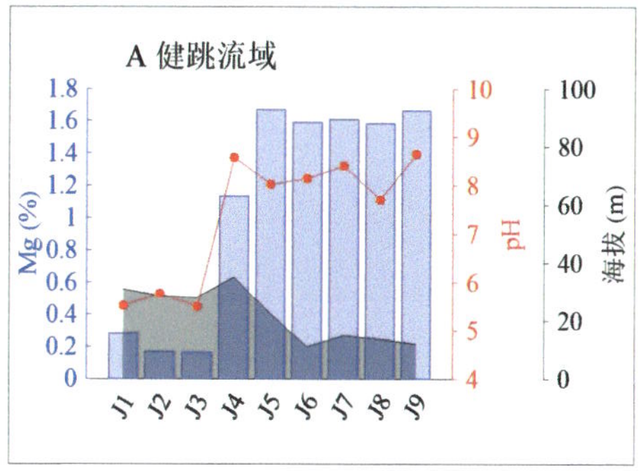

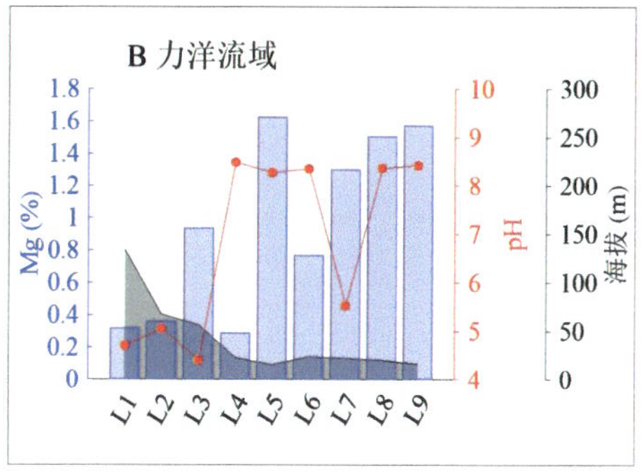

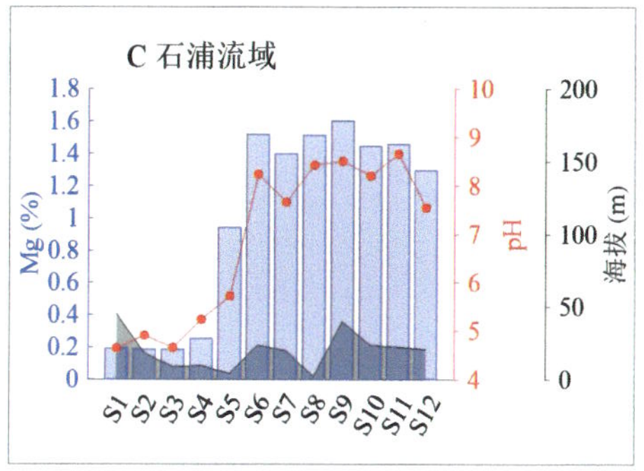

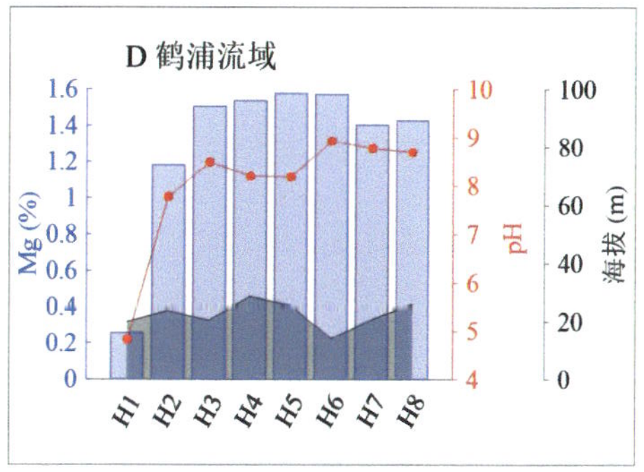

选择如图中所示的 A 健跳流域、B 力洋流域、C 石浦流域以及 D 鹤浦流域作为三门湾海岸带区域内典型流域，右侧为对应流域内土壤中 Mg 元素含量分布柱状图。A 健跳流域中 Mg 元素含量为 0.16% ~ 1.7%，平均值 1.1%，J1、J2、J3 含量低。B 力洋流域中 Mg 元素含量为 0.3% ~ 1.6%，平均值 1.0%，L1、L2、L4 含量低。C 石浦流域中 Mg 元素含量为 0.19% ~ 1.6%，平均值 0.9%，S1、S2、S3、S4 含量低。D 鹤浦流域中 Mg 元素含量为 0.3% ~ 1.6%，平均值 1.3%，H1 含量低。海域沉积物中 Mg 元素含量为 1.3% ~ 1.8%，平均值 1.6%，高值区分布在健跳港东部，整体含量由湾内向外海逐渐增高。

5.5 三门湾流域土壤和海域沉积物元素含量分布图（Ca）

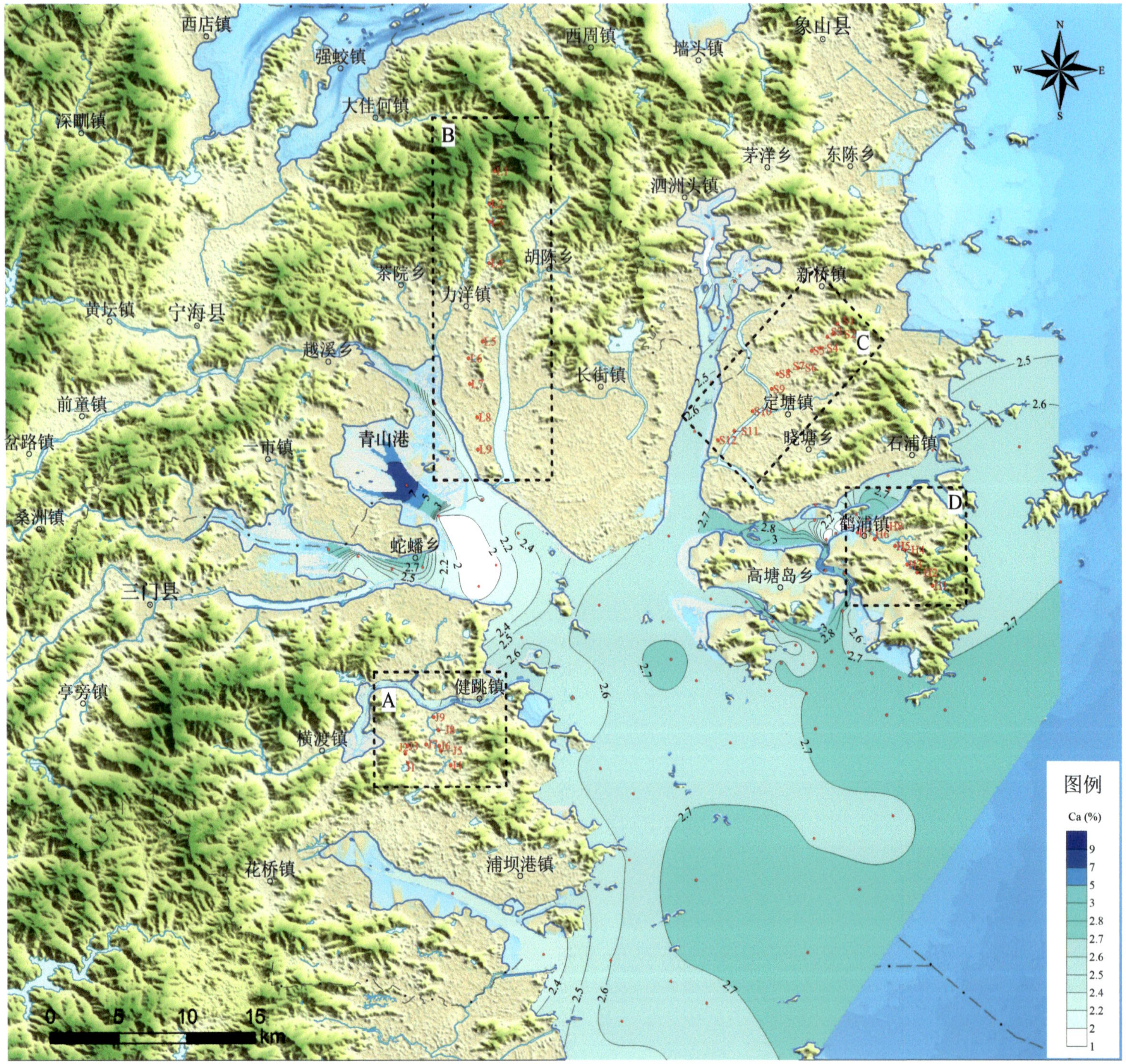

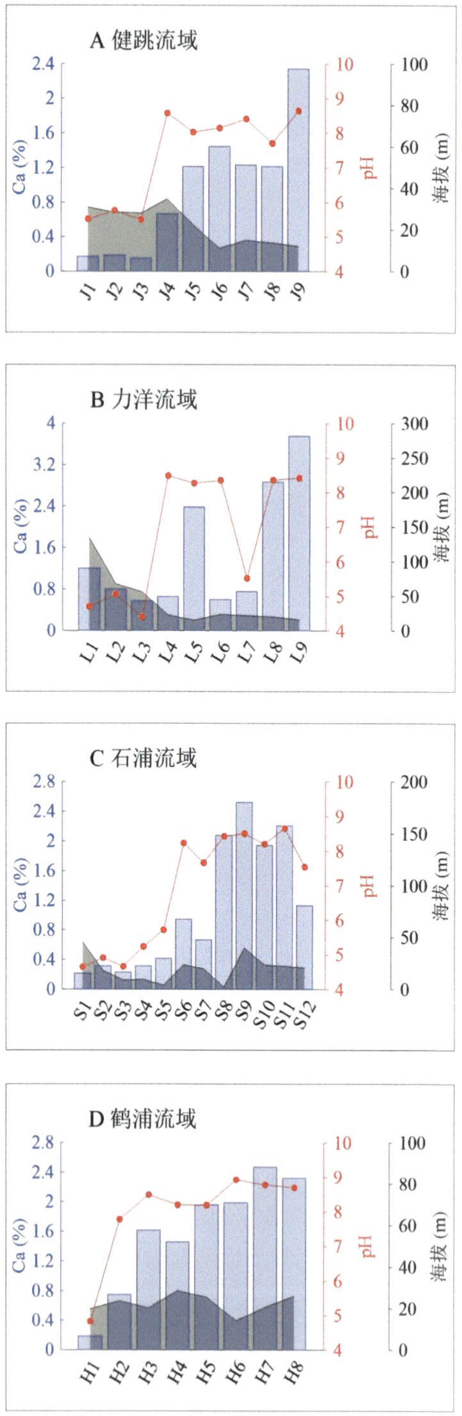

选择如图中所示的A健跳流域、B力洋流域、C石浦流域以及D鹤浦流域作为三门湾海岸带区域内典型流域，右侧为对应流域内土壤中Ca元素含量分布柱状图。A健跳流域中Ca元素含量为0.2% ~ 2.3%，平均值1.0%，J1、J2、J3含量最低，J9含量最高。B力洋流域中Ca元素含量为0.6% ~ 3.8%，平均值1.5%，L5、L8、L9含量高。C石浦流域中Ca元素含量为0.2% ~ 2.5%，平均值1.1%，S1、S2、S3、S4、S5含量低。D鹤浦流域中Ca元素含量为0.2% ~ 2.5%，平均值1.6%。海域沉积物中Ca元素含量为1.3% ~ 8.9%，平均值2.7%，高值区分布在青山港水道内，整体含量由湾内向外海逐渐增高，沿岸分布最低值区域。

5.6 三门湾流域土壤和海域沉积物元素含量分布图（Al）

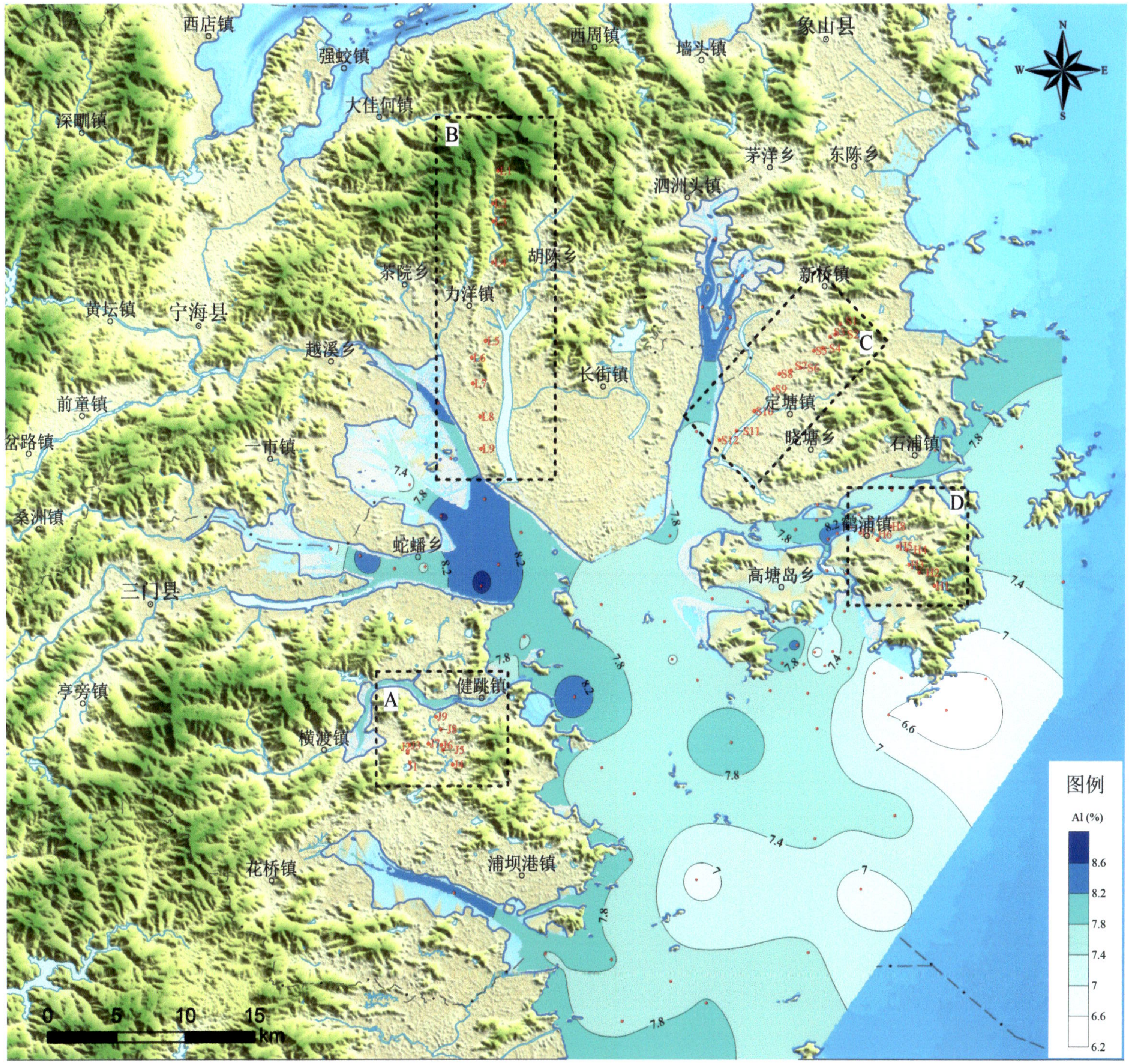

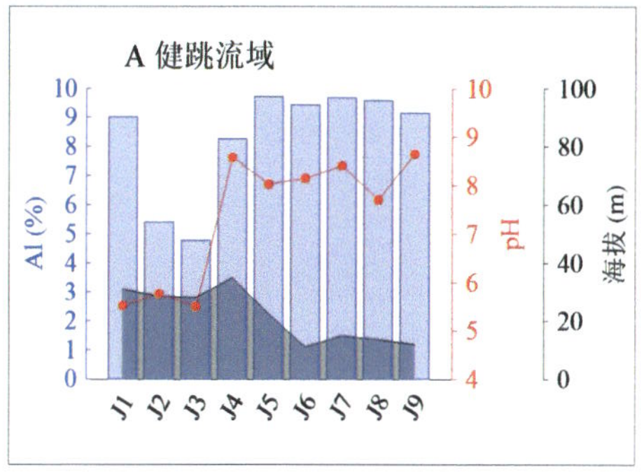

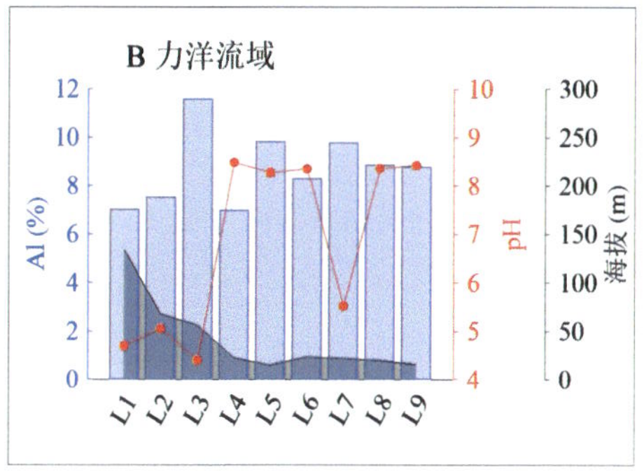

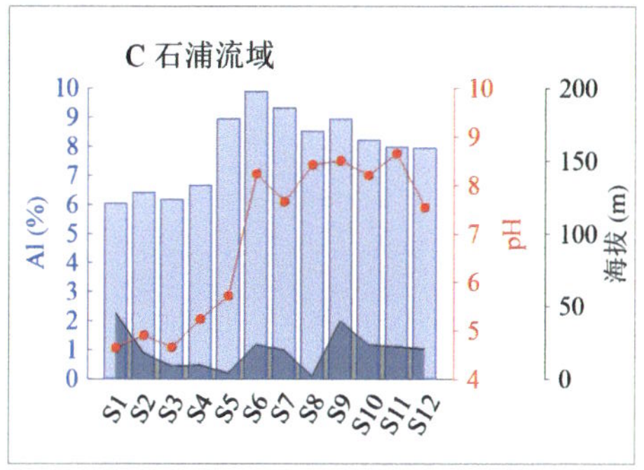

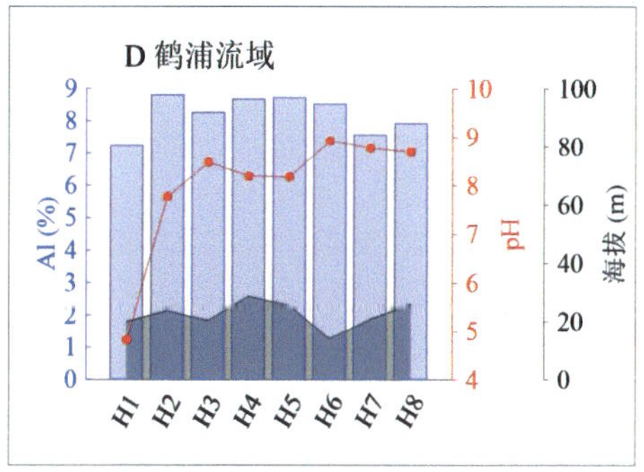

选择如图中所示的 A 健跳流域、B 力洋流域、C 石浦流域以及 D 鹤浦流域作为三门湾海岸带区域内典型流域，右侧为对应流域内土壤中 Al 元素含量分布柱状图。A 健跳流域中 Al 元素含量为 4.8% ~ 9.7%，平均值 8.3%，J2、J3 含量低。B 力洋流域中 Al 元素含量为 7.0% ~ 11.6%，平均值 8.7%，L3 含量高。C 石浦流域中 Al 元素含量为 6.1% ~ 9.9%，平均值 7.9%，S6 含量高。D 鹤浦流域中 Al 元素含量为 7.2% ~ 8.8%，平均值 8.2%。海域沉积物中 Al 元素含量为 6.3% ~ 8.7%，平均值 7.7%，高值区分布在石浦水道中部、岳井洋水道湾顶、力洋水道和蛇蟠水道外部和浦坝港内，整体含量由外海向湾内逐渐增高，近岸区域含量高。